低维纳米结构中电子性质

◎ 梁志辉 著

中国农业科学技术出版社

图书在版编目（CIP）数据

低维纳米结构中电子性质／梁志辉著．—北京：中国农业科学技术出版社，
2018.1

ISBN 978-7-5116-3441-2

Ⅰ.①低…　Ⅱ.①梁…　Ⅲ.①纳米材料-结构材料-研究　Ⅳ.①TB383

中国版本图书馆 CIP 数据核字（2017）第 321285 号

责任编辑　李　雪　徐定娜　刘文君
责任校对　贾海霞

出 版 者　中国农业科学技术出版社
　　　　　北京市中关村南大街 12 号　邮编：100081
电　　话　（010）82109707（编辑室）　（010）82109702（发行部）
　　　　　（010）82109709（读者服务部）
传　　真　（010）82106626
网　　址　http://www.castp.cn
经 销 者　各地新华书店
印 刷 者　北京富泰印刷有限责任公司
开　　本　710mm×1 000mm　1/16
印　　张　7
字　　数　101 千字
版　　次　2018 年 1 月第 1 版　2018 年 1 月第 1 次印刷
定　　价　36.00 元

前　　言

　　低维纳米材料是由很多原子或分子构成（含原子或分子数在 102～105 之间）结晶粒度为纳米级（1~100nm）的一种具有全新结构的材料，即三维空间尺寸至少有一维处于纳米量级，包括量子点（零维材料），直径为纳米量级的量子线（一维材料），厚度为纳米量级的量子阱（二维材料），以及基于上述低维纳米材料所构成的超晶格、异质结和量子棒。本书内容分为两部分：第一章，量子点，在三维空间都受到了限制，因而呈现原子的特性，因此也被称为"人造原子""超原子"或"量子点原子"。由于可以控制其形状、尺寸、能级结构和受限的电子数，量子点已经成为一个重要的研究领域。当颗粒尺寸进入纳米量级时，颗粒尺寸将引起量子尺寸效应、量子限域效应、宏观量子隧道效应和表面效应。第二章，量子棒，是在两个维度方向上都受到量子限域效应影响的一维材料。当把胶状量子点沿着轴线向两端拉伸所得到量子棒。它是特殊形状（椭球形）的量子点，三维都受到限制，量子棒的形状直接由椭球体的纵横比来决定。这些低维纳米结构材料不仅在半导体激发器和光电器件中有非常广泛的应用，而且在量子信息科学领域也有着重要的应用价值，因此，低维纳米结构材料已经成为国内外研究的热点。

　　本书共两章内容，全书有梁志辉独著，肖景林教授参与并做指点改正。

目　　录

第一章　量子点极化子性质

本章较系统地研究了抛物量子点中的极化子和磁极化子基态性质。因强受限，量子点的能谱完全量子化，而显示出奇特的电子行为。研究其性质，无论对基础物理，还是实验器件都有深远的意义。我们知道电子—声子相互作用对三维极性晶体中的电子性质和光学性质有显著影响，同样研究量子点中的电子—声子相互作用，可以进一步理解量子点的性质。

本章应用线性组合算符和幺正变换研究了抛物量子点中的极化子和磁极化子基态性质。得出了强耦合、弱耦合均适合的与其他作者同样变化规律的曲线。数值计算结果表明，抛物量子点中的弱耦合极化子基态能和基态束缚能随有效束缚强度增大而减小；抛物量子点中强耦合极化子束缚能，光学声子平均数和振动频率随有效束缚强度增大而减小，随电子—体纵光学声子耦合常数增大而升高。

抛物量子点中的弱耦合磁极化子基态能和强、弱耦合磁极化子基态束缚能随有效束缚强度增大而减小，随回旋共振频率增大而升高；抛物量子点中强耦合磁极化子光学声子平均数和振动频率随有效束缚强度增大而减小，随电子—体纵光学声子耦合常数增大而升高，随回旋共振频率增强而变大。

第一节　抛物量子点中的极化子和磁极化子基态性质

一、概论

（一）半导体量子点的研究发展历史及前景

在凝聚态物理学的众多分支学科中，半导体物理学和低维固体物理学是其两个重要组成部分。这是因为半导体不仅具有丰富的物理内涵，而且可以通过不断发展的精密工艺控制其性能。无论是早期基于 PN 结基础之上的结合型晶体二极管和晶体三极管，还是现代半导体集成电路中的金属—

氧化物—半导体场效应晶体管，都具有优良的性能，而且适合于大规模的工业生产。半导体集成电路的快速发展及其在诸多领域的广泛应用有力地促进了科学技术的发展，它在 20 世纪 60 年代就已发展成熟，现在已经可以在 $1\ cm^2$ 半导体晶片上集成上百万乃至上亿个晶体管。另外如半导体激光器等其他半导体电子元件也都体现了半导体科学在高科技领域的应用。

半导体量子点材料的历史最早可以追溯到作为催化剂的半导体胶。当时为了提高光催化活性而减小粒子的尺寸，就发现随着粒子尺寸的减小粒子的颜色发生了变化。但当时并未对这一现象进行深入研究。1962 年，日本理论物理学家 Kubo 提出了金属粒子的量子尺寸效应，使人们从理论上对这个效应有了一定认识，并开始对一些材料进行了相应的研究。但直到 20 世纪 80 年代初期，对半导体量子点材料的研究还未形成规模。促使人们开始大规模进行这方面研究的起因源于 1983 年美国 Hughs 研究室的 R. K. Jain 和 R. C. Lind 发表的一篇论文。他们在市售的 $CdS_{1-x}Se_x$ 半导体微晶掺杂的光学滤波玻璃上观测到很高的三次非线性光学效应和快速的光响应，渴望在超高速的光运算，全光开关和光通信等方面具有广阔的应用前景。正是以这篇文章为契机，科学工作者开始积极投身到这一领域来，从而提出了半导体量子点量子尺寸效应理论——当半导体材料从体相逐渐减小至一定临界尺寸以后，其载流子的运动将从体相连续的能带结构变成准分裂的能级，并且由于动能的增加使原来能隙增大，粒径越小，移动越大。人们可以通过控制量子点的尺寸来调节其能隙的大小来满足不同的需要。半导体量子点材料已成为当今"能带工程"的一个重要组成部分。

准零维的"量子点"结构最终实现了对电子自由运动的三维限制。自从 1986 年 Reed 等第一次宣布制造出量子点以后，许多科研中心很快发表了有关制造出量子点的论文。

量子点系统在三维空间都受到了限制，因而呈现原子的特性，因此也被称为"人造原子""超原子"或"量子点原子"。由于可以控制其形状、尺寸、能级结构和受限的电子数，量子点系统已经成为一个重要的研究领域。当颗粒尺寸进入纳米量级时，尺寸限域将引起量子尺寸效应、量子限域效应、宏观量子隧道效应和表面效应。

表面效应是一种量子效应，当物质材料的线度在三维均达到纳米量级时，超微形态的纳米颗粒—量子点将引起表面效应。随着量子点的粒径减小，大部分原子位于量子点的表面，量子点的表面积随粒径减小而增大。由于量子点大的表面积，表面相原子增多，导致了表面原子的配位不足，不饱和键增多，使这些表面原子具有很高的活性，极不稳定，很容易与其他原子结合。

由于量子点与电子的 De Broglie 波长，相干波长及激子 Bohr 半径可比拟，电子局限在纳米空间，电子输送受到限制，电子平均自由程很短，电子的局域性和相干性增强，将引起量子限域效应。在零维量子点中，量子点是嵌入在基质之中的，载流子在空间三个维度上都是介观的，具有三维量子限域效应。

电子在纳米尺度空间中运动，物理纬度与电子自由程相当，载流子的输运过程将有明显电子的波动性，出现量子隧道效应，电子的能级是分立的。利用电子的量子效应制造的量子器件，要实现量子效应，要求在几个纳米到几十个纳米的微小区域形成纳米导电域，电子被"锁"在纳米导电区域，电子在纳米空间中显现出的波动性产生了量子限域效应。纳米导电区域之间形成薄薄的量子势垒，当电压很低时，电子被限制在纳米尺度范围运动，升高电压可以使电子越过纳米势垒形成费米电子海，使体系变为导电，电子从一个量子阱穿越量子势垒进入另一个量子阱就出现了量子隧道效应，这种绝缘到导电的临界效应是纳米有序阵列体系的特点。

当粒子尺寸进入纳米量级时，由于量子尺寸效应，金属费米能级附近的电子能级由准连续变为离散能级的现象，半导体纳米粒子则出现分立的最高被占据分子轨道和最低未被占据分子轨道能级间距比粒子能级间距更宽，能隙变宽，这种现象称为量子尺寸效应。

因量子点系统具有与宏观体系和微观体系不同的低微物性，展现出许多不同于宏观体材料的物理化学性质，在非线性光学、磁学、磁介质、催化、医药及功能材料等方面具有极为广阔的应用前景，同时亦将对生命科学和信息技术的持续发展以及物质领域的基础研究发生深刻的影响。现在的实验主要关心其光学性质（可见光和远红外光的吸收和发射、光的 Raman 散射等）和电学性质（电容和输运的研究）。由于量子点可以在控制下的很窄的光谱范围内吸收和发射光，使其有可能在研制功率更强、更为精密的可控半导体激光器领域中得到很快的应用，这方面的实验和理论研究都有着广阔的前景。其电子能级的量子化效应更为明显，使其具有更为符合激光器要求的参数，尤其是自组织量子点，从而有可能在较小的注入电流下在更高温度环境中工作。量子点系统的另一个诱人的应用前景是在新一代计算机领域的应用，人们正在探索将其用于量子计算机和量子通信中的记忆和存储元件。

（二）半导体量子点理论的研究现状

量子点材料的研究是一个涉及多学科的交叉领域的研究，因而其名称也是多种多样的。例如，胶体化学家称之为胶体颗粒；晶体科学家称之为微晶；材料科学家称之为超微粒；原子分子物理学家称之为团簇、大分子；由于这种临界尺寸多发生在纳米范围，许多人又称之为纳米材料；固体和理论物理学家则形象地称之为量子点。顾名思义，量子点既是将材料的尺寸在三维空间进行约束，并达到一定的临界尺寸后，材料的行为将具有量子特性，结构和性质也随之发生从宏观到微观的转变。

由于量子点结构处于宏观和微观分子的中介状态，其电子结构经历了从纯固体的连续能带到类分子的准分裂能级。一种是从分子体系向量子点结构的过度，另一种是从固体能带理论向量子点结构的演变。前一种用得比较少，采用团簇模型和双曲线能带的计算，结果与实验结果比较接近，后一种是基于当今发展比较完善的各种固体能带的理论方法，如有效质量近似方法，经验的紧束缚方法，有效键级法，KP 微扰法，经验的膺势法等。在这些方法中，比较直观的，使用得最多的是有效质量近似方法。许多理论工作者对其进行了不断改进。近年来，众多文章依据有效质量近似方法得出具体的哈密顿量后，再采用其他方法，如二级微扰法，变分法，少体方法等。周和顾等以 Landau-Pekar 变分法讨论了盘形量子点中强耦合极化子的影响，结果磁极化子基态，激发态的束缚能和电子周围光学声子平均数随磁场和量子点受限强度增大而增大。他们以同样的方法研究了柱形量子点中强耦合磁极化子的基态和激发态，最后得出在基态和激发态磁极化子的束缚能，共振频率随回旋频率和束缚强度增大而升高。朱和顾应用微扰法研究了强磁场下抛物量子点中磁极化子的回旋共振质量，发现强磁场下抛物量子点中磁极化子的回旋质量劈裂成两个回旋质量。Mukho-padhyay 和 Chatterjee 应用变分法研究了极性半导体抛物量子点中一个电子的基态和激发态的极化修正，发现当量子点的尺寸只有几个纳米时，基态和激发态的极化修正相当大。他们以二级 Rayleigh-Schrodinger 微扰法得出了二维、三维极性半导体量子点中一个电子基态能的极化修正，表明二维极化影响比三维大，极化子对基态能量的增加与维数和电子—光学声子耦合常数无关，但依靠声子的频率。

（三）主要工作

由于低维量子结构潜在的应用价值和基础研究意义，是当前凝聚态物理中一个非常活跃的研究热点，众多工作已证明量子点中的极化效应是不容忽略的，其中绝大多数理论工作集中在球形量子点的研究上。将在有效质量近似下，用线性组合算符和幺正变换法研究抛物量子点中极化子和磁极化子基态问题。其目的之一在于探索其量子结构，发掘其潜在的应用价值。

二、抛物量子点中极化子性质

（一）引论

随着近几年微观技术的迅速发展，实验室已经能够制备非常规则的量子器件。可将电子限制在长宽几百纳米，厚度几纳米内，甚至更小的范围，即所谓的半导体中的量子点。因强受限，量子点的能谱完全量子化，而显示出奇特的电子行为。量子点体系的迷人量子现象吸引了越来越多的物理学家，其研究价值无论对基础物理，还是对实验器件都有深远的意义。我们知道电子—声子相互作用对三维极性晶体中的电子性质和光学性质有显著影响，同样，降低维数后，电子—体纵光学声子的作用更为显著，不仅使电子束缚于量子点中，而且极大地改变了电子性质。除了大量关于极化子对量子线，量子阱影响的著作外，已有相当数量关于极化子对量子点影响的著作，如球形量子点基态能量的计算，抛物形量子点性质的研究。Kandemir 和 Atanhan 用变分方法研究了极化子对束缚于量子点中电子的基态和第一激发态能量的影响。Hameau 等的实验证实电子和体纵光学声子常常处于强耦合区域，且形成电子和体纵光学声子交叠混合的模式。朱和顾用二级 Rayleigh-Schrodinger 微扰法计算了抛物量子点的极化态和自能，结果显示基态能绝对值的极化修正和激发态能量的极化修正随量子点的减小而增大。Ren 和 Chen 应用二级 Rayleigh-Schrodinger 微扰法研究了电子和体纵光学声子相互作用，结果表明，如果量子点小到几个纳米，极化影响很明显。李和朱用 Landau-Peker 变分法推导了抛物量子点中强耦合极化子，得出极化子束缚能和电子周围光学声子平均数随有效束缚强度增大而减小，且极化影响比二维、三维体结构晶体大的多。Fliyou 等应用变分和改进的 LLP 变换方法研究了准零维球形量子点中在中心的类氢杂质束缚能。结果 LO 声子比 SO 声子作用大的多，对于小半径量子点，它们的作用都是不容忽略的。Chen 以 Lee-Pines-Huyberechts 方法讨论了对称量子点中极化对基态的修正，表明二维极化影响比三维大，极化子对基态能量的增加与维数和电子—光学声子耦合常数无关，但都随量子点的束缚强度的变化是一样的。Mukhopadhyay 和 Chatterjee 应用变分法研究了极性半导体抛物量子点中一个电子的基态和激发态的极化修正，当量子点的尺寸只有几个纳米时，基态和激发态的极化修正会相当大。并且他们以二级 Rayleigh-Schrodinger 微扰法得出了二维、三维极性半导体量子点中一个电子基态能的极化修正，同样表明二维极化影响比三维大，且极化子对基态能量的增加与维数和电子—光学声子耦合常数无关，但依靠声子的频率。本文应用线性组合算符和么正变换方法研究了抛物量子点中极化子，得出弱耦合极化子的基态能量和束缚能随有效束缚强度增大而减小；以及抛物量子点中强耦合极化子基态束缚能，电子周围光学声子平均数和极化子的振动频率，它们随有效束缚强度增大而减小，随电子—体纵光学声子耦合常数增大而增大。

(二) 抛物量子点中弱耦合极化子性质

1. 理论方法

因电子在一个方向（设为 Z 方向）比另外两个方向强受限的多，所以只考虑电子在 XY 平面上运动。设在单一量子点中的束缚势为抛物形势

$$V(\rho) = \frac{1}{2} m^* \omega_0^2 \rho^2 \tag{1.1}$$

其中 m^* 为裸带质量，$\vec{\rho}$ 为二维坐标矢量，ω_0 为量子点的受限强度，则量子点中电子—声子系统的哈密顿量为

$$H = \frac{p^2}{2m^*} + \frac{1}{2} m^* \omega_0^2 \rho^2 + \sum_{\vec{q}} \hbar \omega_{LO} b_{\vec{q}}^+ b_{\vec{q}} + \left(\sum_{\vec{q}} V_q e^{i\vec{q} \cdot \vec{r}} b_{\vec{q}} + H.C \right) \tag{1.2}$$

$b_{\vec{q}}^+ (b_{\vec{q}})$ 为波矢为 $\vec{q}$ 的体纵光学声子的产生（湮灭）算符。$\vec{r} = (\vec{\rho}, z)$ 为电子坐标，且

$$V_q = i \left(\frac{\hbar \omega_{LO}}{q} \right) \left(\frac{\hbar}{2m^* \omega_{LO}} \right)^{1/4} \left(\frac{4\pi\alpha}{v} \right)^{1/2} \tag{1.3a}$$

$$\alpha = \left(\frac{e^2}{2\hbar\omega_{LO}} \right) \left(\frac{2m^* \omega_{LO}}{\hbar} \right)^{1/2} \left(\frac{1}{\varepsilon_\infty} - \frac{1}{\varepsilon_0} \right) \tag{1.3b}$$

进行第一次么正变换

$$U_1 = \exp\left(-i \sum_{\vec{q}} \hbar \vec{q} \cdot \vec{r} b_{\vec{q}}^+ b_{\vec{q}} \right) \tag{1.4}$$

哈密顿量变为

$$H' = \frac{p^2}{2m^*} - \frac{\vec{q}}{m^*} \sum_{\vec{q}} \hbar \vec{q} b_{\vec{q}}^+ b_{\vec{q}} + \frac{1}{m^*} \sum_{\vec{q}} \hbar^2 \vec{q} \cdot \vec{q}' b_{\vec{q}}^+ b_{\vec{q}'}^{+'} b_{\vec{q}} b_{\vec{q}'} +$$

$$\sum_{\vec{q}} \left(\frac{\hbar^2 q^2}{2m^*} + \hbar \omega_{LO} \right) b_{\vec{q}}^+ b_{\vec{q}} + \sum_{\vec{q}} (V_q b_{\vec{q}} + V_q^* b_{\vec{q}}^+) + \frac{1}{2} m^* \omega_0^2 \rho^2 \tag{1.5}$$

对平面上运动的电子动量和坐标引进线性组合算符

$$p_j = \left(\frac{m^* \hbar \lambda}{2} \right)^{1/2} (a_j + a_j^+)$$

$$\rho_j = i \left(\frac{\hbar}{2m^* \lambda} \right)^{1/2} (a_j - a_j^+) \quad (j = 1, 2) \tag{1.6}$$

哈密顿量变为

$$H' = \frac{\hbar \lambda}{4} \sum_j (a_j^+ a_j^+ + a_j a_j + 2a_j^+ a_j + 1) - \frac{\hbar}{m^*} \sum_j \sum_{\vec{q}} \left[\left(\frac{m^* \hbar \lambda}{2} \right)^{1/2} \vec{q} (a_j + \right.$$

$$\left. a_j^+) b_{\vec{q}}^+ b_{\vec{q}} \right] + \frac{\hbar^2}{2m^*} \sum_{\vec{q} \neq \vec{q}'} \vec{q} \cdot \vec{q}' b_{\vec{q}}^+ b_{\vec{q}'}^+ b_{\vec{q}} b_{\vec{q}'} + \sum_{\vec{q}} \left(\frac{\hbar^2 q^2}{2m^*} + \hbar \omega_{LO} \right) b_{\vec{q}}^+ b_{\vec{q}} +$$

$$\frac{\hbar \omega_0^2}{4\lambda} \sum_j (2a_j^+ a_j + 1 - a_j^+ a_j^+ - a_j a_j) + \sum_{\vec{q}} (V_q b_{\vec{q}} + V_q^* b_{\vec{q}}^+) \tag{1.7}$$

进行第二次么正变换

$$U_2 = \exp \left[\sum_{\vec{q}} (f_q b_{\vec{q}}^+ - f_q^* b_{\vec{q}}) \right] \tag{1.8}$$

哈密顿量变为

$$H'' = \frac{\hbar \lambda}{4} \sum_j (a_j^+ a_j^+ + a_j a_j + 2a_j^+ a_j + 1) - \frac{\hbar}{m^*} \sum_j \sum_{\vec{q}} \left[\left(\frac{m^* \hbar \lambda}{2} \right)^{1/2} \vec{q} (a_j + a_j^+) \times \right.$$

$$\left. (b_{\vec{q}}^+ + f_q^+)(b_{\vec{q}} + f_q) \right] + \frac{\hbar^2}{2m^*} \sum_{\vec{q} \neq \vec{q}'} \vec{q} \cdot \vec{q}' (b_{\vec{q}}^+ + f_q^*)(b_{\vec{q}'}^+ + f_{q'}^*)(b_{\vec{q}} + f_q)(b_{\vec{q}'} + f_{q'}) +$$

$$\sum_{\vec{q}} \left(\frac{\hbar^2 q^2}{2m^*} + \hbar \omega_{LO} \right) (b_{\vec{q}}^+ + f_q^*)(b_{\vec{q}} + f_q) + \frac{\hbar \omega_0^2}{4\lambda} \sum_j (2a_j^+ a_j + 1 - a_j^+ a_j^+ - a_j a_j)$$

$$+ \sum_{\vec{q}} [V_q (b_{\vec{q}} + f_q) + V_q^* (b_{\vec{q}}^+ + f_q^*)] \tag{1.9}$$

令基态波函数为

$$| \psi \rangle = | \phi(z) \rangle | 0_{\vec{q}} \rangle | 0_j \rangle \tag{1.10}$$

$\phi(z)$ 为电子 z 方向波函数，满足 $\langle \phi(z) \mid \phi(z) \rangle = 1, \mid 0_{\vec{q}} \rangle$ 为无微扰零声子态，$\mid 0_j \rangle$ 为极化子基态，分别由 $b_{\vec{q}} \mid 0_{\vec{q}} \rangle = 0, b_j \mid 0_j \rangle = 0$ 确定。式（1.9）对 $\mid \psi \rangle$ 的久期值 $F(\lambda, f_q) \equiv \langle \psi \mid H'' \mid \psi \rangle$，$F(\lambda, f_q)$ 对 λ, f_q 的变分极值给出量子点中弱耦合极化子的基态能量上限 E_0。

$$E_0 = \min F(\lambda, f_q) \tag{1.11}$$

式（1.9）代入 $F(\lambda, f_q)$，得

$$F(\lambda, f_q) = \frac{\hbar \lambda}{2} + \frac{\hbar \omega_0^2}{2\lambda} + \sum_q \left(\frac{\hbar^2 q^2}{2m^*} + \hbar \omega_{LO} \right) \mid f_q \mid^2 + \sum_q (V_q f_q + V_q^* f_q^*) \tag{1.12}$$

利用变分法，得

$$f_q = - \frac{V_q^*}{h \omega_{LO} + \dfrac{\hbar^2 q^2}{2m^*}} \tag{1.13}$$

$$\lambda = \omega_0 \tag{1.14}$$

将式（1.13），式（1.14）代入式（1.12），并求和变积分，得

$$E_0 = \frac{\hbar^2}{m^* l_0^2} - \alpha \hbar \omega_{LO} \tag{1.15}$$

式中，$l_0 = \sqrt{\dfrac{\hbar}{m^* \omega_0}}$ 为有效束缚强度，取通常极化单位（$\hbar = 2m^* = \omega_{LO} = 1$），基态能量变为

$$E_0 = \frac{2}{l_0^2} - \alpha \tag{1.16}$$

量子点中极化子的束缚能为

$$\mid E_b \mid = \frac{2}{l_0^2} \tag{1.17}$$

2. 数值结果和讨论

在电子—体纵光学声子弱耦合情况下，抛物量子点中极化子基态能量 E_0 由式（1.16）给出，可以看出抛物量子点中弱耦合极化子的基态能量比

体结构基态能量增大了，而且随有效束缚强度 l_0 增大而减小。图 1-1 表明抛物形量子点中弱耦合极化子的基态能量 E_0 随有效束缚强度 l_0 和电子—体纵光学声子耦合强度 α 的变化曲线，其中 F_1，F_2 和 F_3 曲线分别表示电子—体纵光学声子耦合强度 α 为 0.009，0.1 和 0.4 的基态能量变化曲线。可以看出基态能量 E_0 随有效束缚强度 l_0 增加而减小，随 l_0 逐渐加大，最后逐渐趋于体结构极化子的基态能量。当 l_0 给定，基态能量随 α 的增加而减小。由图 1-1 还可以看出，当 $l_0 > 0.5$ 时，电子—体纵光学声子耦合强度 α 的变化对量子点中弱耦合极化子的基态能量 E_0 的影响变的显著。有效束缚强度 l_0 很小情况下，当 $l_0 < 0.5$ 时，电子—体纵光学声子耦合强度 α 从 0.009 经过 0.1 至 0.4 过程中，基态能量变化不大。如图 1-2 示。

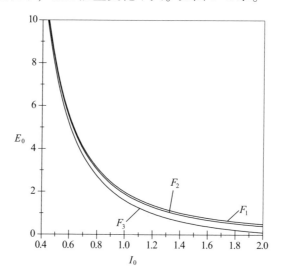

图 1-1 在不同的耦合强度下，抛物量子点基态能 E_0 与有效束缚强度 l_0 的
关系曲线 F_1 （$a=0.09$）F_2 （$a=0.1$）F_3 （$a=0.4$）

**Figure 1-1 The relational curve of ground state energy E_0 to effective confinement
length l_0 at different   coupling strength α**

抛物量子点中弱耦合极化子的束缚能 $|E_b|$ 随有效束缚强度 l_0 的变化曲线，可以看出束缚能随有效束缚强度增大而减小，电子—体纵光学声子耦合强度的变化对其没有影响。

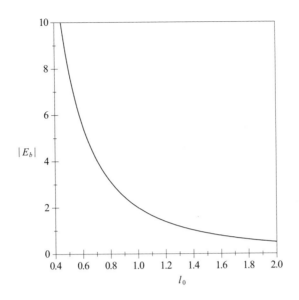

图 1-2 抛物量子点束缚能 $|E_b|$ 与有效束缚强度 l_0 的关系曲线

Figure 1-2 The relational curve of binding energy $|E_b|$ and effective confinement length l_0

由有效束缚强度表达式 $l_0 = \sqrt{\dfrac{\hbar}{m^* \omega_0}}$ 可知，有效束缚强度 l_0 与量子点受限强度开方成反比，所以量子点受限越强，基态能量 E_0 越大，电子—体纵光学声子耦合强度的变化对量子点的影响越小，当量子点受限变弱时，电子—体纵光学声子耦合强度变化对量子点的影响变大。所以在量子点弱受限区域，极化子对量子点的影响不容忽略。

(三) 抛物量子点中强耦合极化子性质

1. 理论方法

因电子在一个方向（设为 Z 方向）比另外两个方向强受限的多，同样只考虑电子在 x-y 平面上运动。设单一量子点中的束缚势为抛物势，表示为：

$$V(\rho) = \frac{1}{2} m^* \omega_0^2 \rho^2 \qquad (1.18)$$

其中 m^* 为裸带质量，$\vec{\rho}$ 为二维坐标矢量，ω_0 为量子点的受限强度，电子—声子体系的哈密顿量为

$$H = \frac{p^2}{2m^*} + \frac{1}{2} m^* \omega_0^2 \rho^2 + \sum_{\vec{q}} \hbar\omega_{LO} b_{\vec{q}}^+ b_{\vec{q}} + \sum_{\vec{q}} (V_q e^{i\vec{q}\cdot\vec{r}} b_{\vec{q}} + H.C)$$

$$(1.19)$$

其中 $b_{\vec{q}}^+$（$b_{\vec{q}}$）为波矢为 $\vec{q}$ 体纵光学声子的产生（湮灭）算符。$\vec{r} = (\vec{\rho}, z)$ 为电子坐标，且

$$V_q = i \left(\frac{\hbar\omega_{LO}}{q}\right) \left(\frac{\hbar}{2m^*\omega_{LO}}\right)^{1/4} \left(\frac{4\pi\alpha}{v}\right)^{1/2} \qquad (1.20)$$

$$\alpha = \left(\frac{e^2}{2\hbar\omega_{LO}}\right) \left(\frac{2m^*\omega_{LO}}{\hbar}\right)^{1/2} \left(\frac{1}{\varepsilon_\infty} - \frac{1}{\varepsilon_0}\right) \qquad (1.21)$$

对 x-y 平面运动的电子动量和坐标引进线性组合算符

$$p_j = \left(\frac{m^*\hbar\lambda}{2}\right)^{1/2} (a_j + a_j^+) \qquad (1.22)$$

$$\rho_j = i \left(\frac{\hbar}{2m^*\lambda}\right)^{1/2} (a_j - a_j^+) \quad (j = x, y) \qquad (1.23)$$

其中 λ 为变分参量，哈密顿量变为

$$H' = \frac{\hbar\lambda}{4} \sum_j (a_j^+ a_j^+ + a_j a_j + 2a_j^+ a_j + 1) +$$

$$\sum_{\vec{q}} \hbar\omega_{LO} b_{\vec{q}}^+ b_{\vec{q}} + \frac{\hbar\omega_0^2}{4\lambda} \sum_j (2a_j^+ a_j + 1 - a_j^+ a_j^+ - a_j a_j) +$$

$$\sum_{\vec{q}} [V_{\vec{q}} b_{\vec{q}} e^{iq_z z} e^{-\frac{\hbar q^2}{4m^*\lambda}} e^{\sum_j (\frac{\hbar}{2m^*\lambda})^{1/2} q_j a_j^+} e^{-\sum_j (\frac{\hbar}{2m^*\lambda})^{1/2} q_j a_j} + H.C] \qquad (1.24)$$

进行幺正变换

$$U = \exp \left[\sum_{\vec{q}} (f_q b_{\vec{q}}^+ - f_q^* b_{\vec{q}}) \right] \qquad (1.25)$$

则哈密顿量变为

$$H'' = \frac{\hbar\lambda}{4}\sum_j (a_j^+ a_j^+ + a_j a_j + 2a_j^+ a_j + 1) +$$

$$\sum_{\vec{q}} \hbar\omega_{LO}(b_{\vec{q}}^+ + f_q^*)(b_{\vec{q}} + f_q) + \frac{\hbar\omega_0^2}{4\lambda}\sum_j(2a_j^+ a_j + 1 - a_j^+ a_j^+ - a_j a_j) +$$

$$\sum_{\vec{q}} [V_q(b_{\vec{q}} + f_q)e^{iqz}e^{-\hbar q^2/4m^*\lambda}e^{\sum_j (\frac{\hbar}{2m^*})^{1/2}q_j a_j^+}e^{-\sum_j (\frac{\hbar}{2m^*\lambda})^{1/2}q_j a_j} + H.C] \quad (1.26)$$

令基态波函数为

$$|\psi\rangle = |\phi(z)\rangle |0_{\vec{q}}\rangle |0_j\rangle \quad (1.27)$$

$\phi(z)$ 为电子 z 方向波函数，因电子在 Z 方向强受限，可将其看成只在无限薄的狭层内运动，所以 $\langle\phi(z)|\phi(z)\rangle = 1$，$|0_{\vec{q}}\rangle$ 为无微扰零声子态，$|0_j\rangle$ 为量子点中极化子基态，分别由 $b_{\vec{q}}|0_{\vec{q}}\rangle = 0$，$b_j|0_j\rangle = 0$ 确定。式 (1.8) 对 $|\psi\rangle$ 的久期值为 $F(\lambda, f_q) \equiv \langle\psi|H''|\psi\rangle$，$F(\lambda, f_q)$ 对 λ，f_q 的变分极值给出量子点极化子的基态能量上限 E_0。

$$E_0 = \min F(\lambda, f_q) \quad (1.28)$$

将式 (1.25) 代入 $F(\lambda, f_q)$，得

$$F(\lambda, f_q) = \frac{\hbar\lambda}{2} + \frac{\hbar\omega_0^2}{2\lambda} + \sum_q \hbar\omega_{LO}|f_q|^2 + \sum_q (V_q f_q e^{-\frac{\hbar q^2}{4m^*\lambda}} + H.C) \quad (1.29)$$

利用变分法，得

$$f_q = -\frac{V_q e^{-\frac{\hbar q^2}{4m^*\lambda}}}{\hbar\omega_{LO}} \quad (1.30)$$

将式 (1.29) 代入式 (1.28)，并求和变积分，得

$$F(\lambda) = \frac{\hbar\lambda}{2} + \frac{\hbar^3}{2\lambda m^{*2} l_0^4} - \alpha\hbar\omega_{LO}r_0\sqrt{\frac{2m^*\lambda}{\hbar\pi}} \quad (1.31)$$

其中，$r_0 = \sqrt{\dfrac{\hbar}{2m^*\omega_{LO}}}$，$l_0 = \sqrt{\dfrac{\hbar}{m^*\omega_0}}$，分别为极化子半径和有效束缚强度，取通常极化子单位（$\hbar = 2m^* = \omega_{LO} = 1$），

$$F(\lambda) = \frac{\lambda}{2} + \frac{2}{\lambda l_0^4} - \alpha\sqrt{\frac{\lambda}{\pi}} \quad (1.32)$$

再变分得极化子的振动频率 λ_0，代回最后得抛物形量子点中强耦合极化子的基态能量为

$$E_0 = \frac{\lambda_0}{2} + \frac{2}{\lambda_0 l_0^4} - \alpha\sqrt{\frac{\lambda_0}{\pi}} \qquad (1.33)$$

极化子的基态束缚能为（相对亚稳带）

$$E_b = \frac{1}{l_0^2} - \frac{\lambda_0}{2} + \frac{2}{\lambda_0 l_0^4} - \alpha\sqrt{\frac{\lambda_0}{\pi}} \qquad (1.34)$$

量子点中电子周围光学声子平均数为

$$N = \langle \psi \mid U^- \sum_{\vec{q}} b_q^+ b_q U \mid \psi \rangle$$

$$= \frac{\alpha}{\sqrt{\pi}}\sqrt{\lambda_0} \qquad (1.35)$$

2. 结果与讨论

为更清楚、直观地说明抛物量子点中强耦合极化子的基态束缚能 E_b 和电子周围光学声子平均数 N 与有效束缚强度 l_0 和电子-体纵光学声子耦合强度 α 的关系，数值结果表示于图 1-3～图 1-6。

图 1-3，表示当电子-体纵光学声子耦合强度 $\alpha = 5$ 时，抛物量子点中强耦合极化子的基态束缚能 E_b 和有效束缚强度 l_0 的关系曲线，由图 1-3 可以看出，抛物量子点中强耦合极化子束缚能 E_b 随有效束缚强度 l_0 增大而减小，当有效束缚强度 l_0 趋于无穷时，极化子束缚能渐渐趋于二维极化子情形。对于量子点中极化子的束缚能比二维晶体中极化子的束缚能大的多，这是由于极化子在各个方向受限的原因。

图 1-4，表示电子—体纵光学声子耦合强度 $\alpha = 5$ 时，电子周围光学声子平均数 N 和有效束缚强度 l_0 的变化曲线。由图可见，光学声子平均数 N 随有效束缚强度 l_0 增加而迅速减少。

当有效束缚强度 l_0 趋于无限时，电子周围光学声子平均数 N 趋于二维情形。对于量子点中强耦合极化子的光学声子平均数远比二维晶体中极化

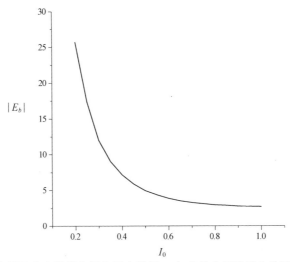

图 1-3　抛物量子点中强耦合极化子束缚能 E_b 与有效束缚强度 l_0 关系曲线（$a=5$）

Figure1-3　The relational curve of ground state binding energy E_b and

effective confinement length l_0

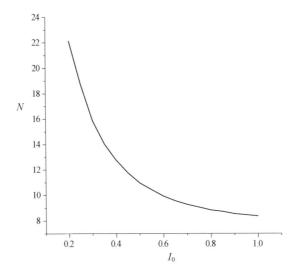

图 1-4　光学声子平均数 N 与有效束缚强度 l_0 的关系曲线（$a=5$）

Figure 1-4　The relational curve of mean number of optical phonon N and

effective confinement length l_0

子的光学声子平均数大的多，这再次说明量子点中强耦合极化子作用更显著了。

图 1-5，表示当有效束缚强度 $l_0 = 0.5$ 时，抛物形量子点中强耦合极化子的基态束缚能 E_b 与电子—体纵光学声子耦合强度 α 的关系曲线，由图可以看出，束缚能 E_b 随电子—体纵光学声子耦合强度 α 增大而增大。

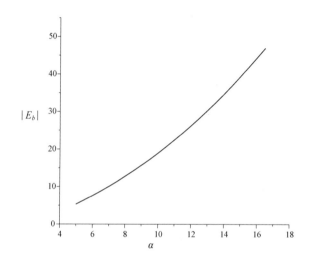

图 1-5 抛物量子点中强耦合基态束缚能 E_b 与电子—体纵光学声子耦合强度 a 的关系曲线 （$l_0 = 0.5$）

Figure 1-5 The relational curve of ground state binding energy E_b and coupling strength a

图 1-6，表示当有效束缚强度 $l_0 = 0.5$ 时，电子周围光学声子平均数 N 与电子—体纵光学声子耦合强度 α 的变化关系，由图可见，光学声子平均数 N 随电子—体纵光学声子耦合强度 α 的增加而迅速增大。接下来又讨论了极化子的振动频率变化规律。

图 1-7，表示当电子—体纵光学声子耦合强度 $\alpha = 5$ 时，抛物量子点中强耦合极化子的振动频率 λ 和有效束缚强度 l_0 的变化曲线，由图可以看出极化子的振动频率 λ 随有效束缚强度 l_0 的增大而迅速减小，渐渐趋于平缓。

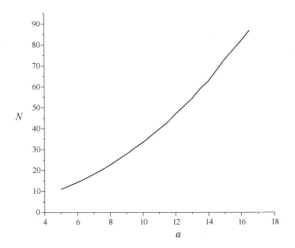

图 1-6　光学声子平均数 N 与电子—体纵光学声子耦合强度 a 的关系曲线（$l_0 = 0.5$）

Figure 1-6　The relational curve of mean number N of optical phonon and coupling strength α

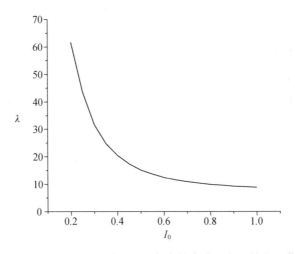

图 1-7　抛物量子点中极化子的振动频率 λ 与有效束缚强度 l_0 的关系曲线（$\alpha = 5$）

Figure 1-7　The resonant frequency λ of polaron in the parabolic quantum dot as a function of the effective length for $\alpha = 5$

图 1-8，表示当 $l_0 = 0.5$ 时，抛物量子点中强耦合极化子的振动频率 λ 和电子—体纵光学声子耦合强度 α 的变化曲线，由图 1-8 可以看出，极化子的振动频率 λ 随电子—体纵光学声子耦合强度 α 增大而升高。

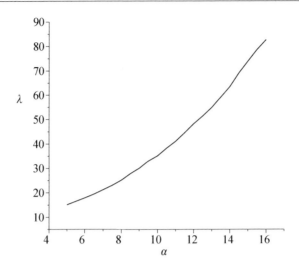

图 1-8　抛物量子点中极化子的振动频率 λ 与电子—体纵光学声子耦合强度
α 的关系曲线（$l_0 = 0.5$）

Figure 1-8　The resonant frequency λ of polaron in the parabolic quantum dot as a
function of the electron-LO-phonon coupling constants for $l_0 = 0.5$

由上，我们可以得出抛物量子点中强耦合极化子束缚能、电子周围光学声子平均数和极化子的振动频率随有效束缚强度增大而减小，随电子—体纵光学声子耦合强度增大而增大。从有效束缚强度表达式，可以看出其与量子点受限强度的平方根成反比。所以量子点受限强度越大，极化子束缚能越大，电子周围光学声子平均数越大，极化子的振动频率也越大，所以极化作用越显著。

三、抛物量子点中磁极化子性质

（一）引论

随着近几年纳米技术的飞速发展，极大地推进了低维系统的广泛研究，尤其纳米半导体量子点的研究更为引人注目。其所具有的新颖的光电性与输运特性，正在成为量子功能器件研究中的一个热点领域。由于量子点组成的点阵具有相干集体效应，新的声子模式和光电性质，以及不可估量的潜在应用前景，因而量子点系统像半导体超晶格，半导体量子线一样得到半导体物理，材料物理科学，微电子学和光电子的广泛研究。我们知道电子在离子晶体中移动的时候，会使周围晶格极化，形成围绕电子的极化场，这个电子和周围的极化场统称极化子。许多物理学家研究了量子点中电子与体纵光学声子的相互作用，而且磁场中存在或不存在束缚势时电子气的性质受到了广泛关注。Kandemir 和 Atanhan 应用 LLP 方法研究了磁场下，极化子对束缚于量子点中电子的基态和第一激发态能量的影响。朱与 Talay-osho Kobayashi 应用 Landau-Pekar 变分法研究了磁场对抛物量子点中强耦合极化子的影响，得出磁场存在时，极化子的束缚能随磁场的增加而增大，磁场对电子周围的光学声子平均数的影响很小。Wendler 等以二级微扰法研究了垂直磁场下准零维量子点中电子的相互作用，分析数值结果给出了 Landau 能级的极化修正和极化子的回旋质量。结果发现降低维数后，极化影响增加了。周和顾等以 Landau-Pekar 变分法讨论了盘形量子点中强耦合极化子的影响，结果磁极化子基态，激发态的束缚能，电子周围光学声子平均数随磁场和量子点受限强度增强而增大。他们以同样的方法研究了柱形量子点中强耦合磁极化子的基态和激发态，最后得出基态和激发态磁极化子的束缚能，共振频率随回旋共振频率和束缚强度增大而升高。朱和顾应用微扰法研究了极化子对强磁场下抛物量子点中磁极化子的回旋共振质量，发现强磁场下抛物量子点中磁极化子的回旋质量劈裂成两个回旋质量。

本文第一次应用线性组合算符和么正变换研究了抛物量子点中磁极化子的性质。简捷地得出了弱耦合磁极化子的基态能，基态束缚能和强耦合磁极化子的基态束缚能，电子周围光学声子平均数和振动频率与有效束缚强度，电子—体纵光学声子耦合强度，以及与磁场的变化关系。

（二）量子点中的弱耦合磁极化子的性质

1. 理论方法

因电子在一个方向（设为 Z 方向）比另外两个方向强受限强的多，所以我们只考虑电子在 x-y 平面上运动。设单一量子点中的束缚势为抛物势，表示为：

$$V(\rho) = \frac{1}{2}m^*\omega_0^2\rho^2 \tag{1.36}$$

其中 m^* 为裸带质量，$\vec{\rho}$ 为二维坐标矢量，磁场沿 Z 方向，电子—声子体系的哈密顿量为

$$H = \frac{(p + e\vec{A})^2}{2m^*} + \frac{1}{2}m^*\omega_0^2\rho^2 + \sum_{\vec{q}}\hbar\omega_{LO}b_{\vec{q}}^+b_{\vec{q}} + \sum_{\vec{q}}(V_q e^{i\vec{q}\cdot\vec{r}}b_{\vec{q}} + H.C)$$

$$\tag{1.37}$$

其中 $b_{\vec{q}}^+$（$b_{\vec{q}}$）为波矢为 $\vec{q}(\vec{q} = \vec{q}_{//}, q_z)$ 体纵光学声子的产生（湮灭）算符。$\vec{r} = (\vec{\rho}, z)$ 为电子坐标矢量，且

$$V_q = i\left(\frac{\hbar\omega_{LO}}{q}\right)\left(\frac{\hbar}{2m^*\omega_{LO}}\right)^{1/4}\left(\frac{4\pi\alpha}{v}\right)^{1/2} \tag{1.38}$$

$$\alpha = \left(\frac{e^2}{2\hbar\omega_{LO}}\right)\left(\frac{2m^*\omega_{LO}}{\hbar}\right)^{1/2}\left(\frac{1}{\varepsilon_\infty} - \frac{1}{\varepsilon_0}\right) \tag{1.39}$$

其中 ε_∞ 是高频介电常数，ε_0 是静电介电常数，采取对称规范 $\vec{A} = (-\frac{1}{2}By, \frac{1}{2}Bx)$，进行第一次么正变换

$$U_1 = \exp\left[-\sum_{\vec{q}}i\hbar\vec{q}\cdot\vec{r}b_{\vec{q}}^+b_{\vec{q}}\right] \tag{1.40}$$

哈密顿量变为

$$H = \frac{1}{2m^*}(p - \sum_{\vec{q}}\hbar b_{\vec{q}}^+b_{\vec{q}})^2 + \frac{eB}{2m^*}\left[(p_y - \sum_{\vec{q}}\hbar q_y b_{\vec{q}}^+b_{\vec{q}})x - (p_x - \sum_{\vec{q}}\hbar q_x b_{\vec{q}}^+b_{\vec{q}})y\right]$$

$$+ \frac{e^2B^2}{8m^*}\rho^2 + \frac{1}{2}m^*\omega_0^2\rho^2 + \sum_{\vec{q}}\hbar\omega_{LO}b_{\vec{q}}^+b_{\vec{q}} + \sum_{\vec{q}}(V_q e^{i\vec{q}\cdot\vec{r}}b_{\vec{q}} + H.C) \tag{1.41}$$

对 x-y 平面上运动的电子动量和坐标引进线性组合算符

$$p_j = \left(\frac{m^*\hbar\lambda}{2}\right)^{1/2}(a_j + a_j^+)$$

$$\rho_j = i\left(\frac{\hbar}{2m^*\lambda}\right)^{1/2}(a_j - a_j^+)\quad(j = x, y) \tag{1.42}$$

其中 λ 为变分参量，哈密顿量变为

$$H' = \frac{\hbar\lambda}{4}\sum_j (a_j^+ a_j^+ + a_j a_j + 2a_j^+ a_j + 1) + \frac{\hbar\omega_0^2}{4\lambda}\sum_j (2a_j^+ a_j + 1 - a_j^+ a_j^+ - a_j a_j) -$$

$$\frac{e^2 B^2 \hbar}{16m^{*2}\lambda}\sum_j (a_j a_j + a_j^+ a_j^+ - 2a_j^+ a_j - 1) + \frac{eB\hbar i}{2m^*}\left(\frac{\hbar}{2m^*\lambda}\right)^{1/2}\left\{\left[\left(\frac{m^*\hbar\lambda}{2}\right)^{1/2}(a_y + a_y^+) - \right.\right.$$

$$\left.\sum_{\vec{q}} \hbar q_y b_{\vec{q}}^+ b_{\vec{q}}\right](a_x - a_x^+) - \left[\left(\frac{m^*\hbar\lambda}{2}\right)^{1/2}(a_x + a_x^+) - \sum_{\vec{q}} \hbar q_x b_{\vec{q}}^+ b_{\vec{q}}\right](a_y - a_y^+)\right\} +$$

$$\sum_{\vec{q}} \hbar\omega_{LO} b_{\vec{q}}^+ b_{\vec{q}} + \frac{\hbar^2}{2m^*}\sum_{\vec{q}} q^2 b_{\vec{q}}^+ b_{\vec{q}} + \frac{\hbar^2}{2m^*}\sum_{\vec{q}\neq\vec{q}'} \vec{q}\cdot\vec{q}' b_{\vec{q}}^+ b_{\vec{q}'}^+ b_{\vec{q}} b_{\vec{q}'} + \sum_{\vec{q}} [V_q b_{\vec{q}} + V_q^* b_{\vec{q}}^+] -$$

$$\frac{1}{m^*}\left(\frac{m^*\hbar\lambda}{2}\right)^{1/2}\hbar\sum_{\vec{q}} b_{\vec{q}}^+ b_{\vec{q}}\sum_j (a_j + a_j^+)q_j \qquad (1.43)$$

进行第二次么正变换

$$U_2 = \exp\left[\sum_{\vec{q}} (f_q b_{\vec{q}}^+ - f_q^* b_{\vec{q}})\right] \qquad (1.44)$$

则哈密顿量变为

$$H'' = \frac{\hbar\lambda}{4}\sum_j (a_j^+ a_j^+ + a_j a_j + 2a_j^+ a_j + 1) + \sum_{\vec{q}} \hbar\omega_{LO}(b_{\vec{q}}^+ + f_q^*)(b_{\vec{q}} + f_q) +$$

$$\left(\frac{e^2 B^2 \hbar}{16m^{*2}\lambda} + \frac{\hbar\omega_0^2}{4\lambda}\right)\sum_j (2a_j^+ a_j + 1 - a_j^+ a_j^+ - a_j a_j) + \frac{\hbar^2}{2m^*}\sum_{\vec{q}} q^2 (b_{\vec{q}}^+ + f_q^*)(b_{\vec{q}} + f_q) +$$

$$\frac{eB\hbar i}{2m^*}\left(\frac{\hbar}{2m^*\lambda}\right)^{1/2}\left\{\left[\left(\frac{m^*\hbar\lambda}{2}\right)^{1/2}(a_y + a_y^+) - \sum_{\vec{q}} \hbar q_y(b_{\vec{q}}^+ + f_q^*)(b_{\vec{q}} + f_q)\right](a_x - a_x^+) -\right.$$

$$\left.\left[\left(\frac{m^*\hbar\lambda}{2}\right)^{1/2}(a_x + a_x^+) - \sum_{\vec{q}} \hbar q_x(b_{\vec{q}}^+ + f_q^*)(b_{\vec{q}} + f_q)\right](a_y - a_y^+)\right\} +$$

$$\frac{\hbar^2}{2m^*}\sum_{\vec{q}\neq\vec{q}'} \vec{q}\cdot\vec{q}'(b_{\vec{q}}^+ + f_q^*)(b_{\vec{q}'}^+ + f_{q'}^*)(b_{\vec{q}} + f_q)(b_{\vec{q}'} + f_{q'}) -$$

$$\frac{1}{m^*}\left(\frac{m^*\hbar\lambda}{2}\right)^{1/2}\hbar\sum_{\vec{q}} (b_{\vec{q}}^+ + f_q^*)(b_{\vec{q}} + f_q)\sum_j (a_j + a_j^+)q_j +$$

$$\sum_{\vec{q}} [V_q(b_{\vec{q}} + f_q) + V_q^*(b_{\vec{q}}^+ + f_q^*)] \qquad (1.45)$$

令基态波函数为 $\quad |\psi\rangle = |\phi(z)\rangle |0_{\vec{q}}\rangle |0_j\rangle \qquad (1.46)$

$\phi(z)$ 为电子 z 方向波函数，因电子在 Z 方向强受限，可将其看成只在无限薄的狭层内运动，所以 $|\langle\phi(z)|\phi(z)\rangle|^2 = \delta(z)$，$|0_{\vec{q}}\rangle$ 为无微扰零声子态，$|0_j\rangle$ 为量子点中极化子基态，分别由 $b_{\vec{q}}|0_{\vec{q}}\rangle = 0$，$b_j|0_j\rangle = 0$ 确定。式 (1.42) 对 $|\psi\rangle$ 的久期值为 $F(\lambda, f_q) \equiv \langle\psi|H''|\psi\rangle$，$F(\lambda, f_q)$ 对 λ，f_q 的变分极值给出量子点中磁极化子的基态能量上限 E_0。

$$E_0 = \min F(\lambda, f_q) \qquad (1.47)$$

式 (1.44) 代入 $F(\lambda, f_q)$，得

$$F(\lambda, f_q) = \frac{\hbar\lambda}{2} + \frac{\hbar\omega_0^2}{2\lambda} + \frac{e^2 B^2 \hbar}{8m^{*2}\lambda} + \sum_q \hbar\omega_{LO}|f_q|^2 + \sum_{\vec{q}}\frac{\hbar^2 q^2}{2m^*}|f_q|^2$$
$$+ \sum_q (V_q f_q + H.C) \qquad (1.48)$$

由变分法得

$$f_q = -\frac{V_q^*}{\dfrac{\hbar^2 q^2}{2m^*} + \hbar\omega_{LO}} \qquad (1.49)$$

式 (1.49) 带入式 (1.48)，求和变积分，得

$$F(\lambda, f_q) = \frac{\hbar\lambda}{2} + \frac{\hbar^3}{2l_0^4 m^{*2}\lambda} + \frac{\omega_c^2\hbar}{8\lambda} - \alpha\hbar\omega_{LO} \qquad (1.50)$$

这里，$\omega_c = \dfrac{eB}{mc}$，$r_0 = \sqrt{\dfrac{\hbar}{2m^*\omega_{LO}}}$，$l_0 = \sqrt{\dfrac{\hbar}{m^*\omega_0}}$，$\omega_c$，$r_0$，$l_0$ 分别为回旋频率，极化子半径和有效束缚强度，取通常极化子单位，$(\hbar = 2m^* = \omega_{LO} = 1)$

$$F(\lambda) = \frac{\lambda}{2} + \frac{2}{\lambda l_0^4}\left(1 + \frac{\omega_c^2 l_0^4}{16}\right) - \alpha \qquad (1.51)$$

再变分，得磁极化子的振动频率 λ

$$\lambda = \frac{2}{l_0^2}\left(1 + \frac{\omega_c^2 l_0^4}{16}\right)^{1/2} \qquad (1.52)$$

最后得抛物量子点中弱耦合磁极化子的基态能量为

$$E_0 = \frac{2}{l_0^4}\left(1 + \frac{\omega_c^2 l_0^4}{16}\right)^{1/2} - \alpha \qquad (1.53)$$

磁极化子的基态束缚能为

$$|E_b| = \frac{2}{l^2}\left(1 + \frac{\omega_c^2 l_0^4}{16}\right)^{1/2} \tag{1.54}$$

2. 结果与讨论

在电子—声子弱耦合情况下，抛物形量子点中磁极化子基态能量 E_0 由 (1.53) 式给出，可以看出抛物形量子点中弱耦合磁极化子的基态能量比体结构基态能增大了，而且随有效束缚强度增大而减小。

图 1-9，显示了抛物量子点中弱耦合磁极化子的基态能量 E_0 随有效束缚强度 l_0 和电子—声子耦合强度 α 的变化曲线，其中 f_1，f_2 曲线分别表示电子—声子耦合强度 α 分别为 0.01，0.5 的基态能量变化曲线。可以看出基态能量 E_0 随有效束缚强度 l_0 增加而减小，随 l_0 逐渐加大，最后逐渐趋于体结构磁极化了的基态能量。当 l_0 给定，基态能量随 α 的增加而减小。当 $l_0 >$

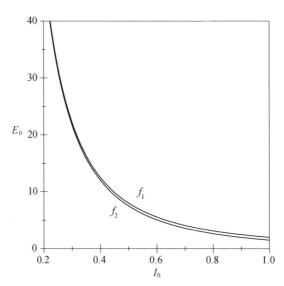

图 1-9　抛物量子点中弱耦合磁极化子基态能 E_0 与有效束缚强度 l_0 的变化曲线，其中 f_1 ($a=0.01$，$w_c=0$)，f_2 ($a=0.5$，$w_c=0$)．

Figure 1-9　**The weak-coupling magnetopolaron ground state energy E_0 of parabolic quantum dot as a function of the effective confinement length l_0 for f_1 ($a=0.01$，$w_c=0$), f_2 ($a=0.5$，$w_c=0$)**

0.3 时，电子—声子耦合强度 α 的变化对量子点中弱耦合磁极化子的基态能量 E_0 的影响变的显著。当有效束缚强度 l_0 很小情况下，当 $l_0 < 0.3$ 时，电子—声子耦合强度 α 从 0.01 增至 0.5 过程中，基态能量变化不大。

图 1-10，表示抛物量子点中弱耦合磁极化子的基态能 E_0 随回旋频率 ω_c 增大而逐渐增大，这说明磁场的增强使量子点中的磁极化子的基态能增大了。当回旋共振频率 $\omega_c = 0$ 时，恰为抛物量子点中极化子基态能。

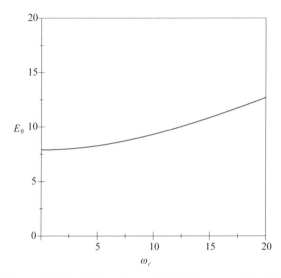

图 1-10　量子点中弱磁极化子基态能 E_0 与回旋频率 w_c 的变化曲线 （ $l_0 = 0.5$ ）

Figure 1-10　The weak-coupling magnetopolaron ground state energy E_0 of parabolic quantum dot as a function of the cyclotron resonance frequency ω_c for $\alpha = 0.1$, $l_0 = 0.5$

图 1-11，表示当 $\omega_c = 0$ 和 $\omega_c = 10$ 时，抛物形量子点中弱耦合磁极化子基态束缚能与有效束缚强度 l_0 的变化曲线，可以看出基态束缚能随有效束缚强度 l_0 增大而降低，当回旋共振频率由 $\omega_c = 0$ 增至 $\omega_c = 10$ 时，基态束缚能变大了。当 $l_0 < 0.3$ 时，基态束缚能的两个曲线区别不大，而当 $l_0 > 0.3$ 时，却变得明显。

图 1-12，表示当 $l_0 = 0.5$ 时，抛物量子点中弱耦合磁极化子基态束缚能和回旋频率 ω_c 的变化曲线。由曲线可以看出，磁极化子基态束缚能随回旋频率增大而逐渐升高，即磁场的增加增强了磁极化子的极化。

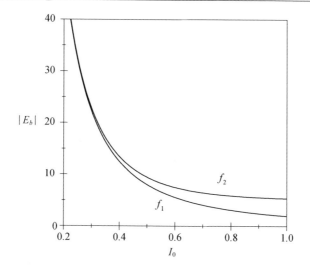

图 1-11 抛物量子点中弱耦合磁极化子基态束缚能 $|E_b|$ 与有效束缚强度 l_0 的关系曲线 ($w_c = 0$, $w_c = 10$)

Figure 1-11 The ground state binding energy $|E_b|$ of parabolic quantum dot as a function of the effective confinement length l_0 for $w_c = 0$, $w_c = 10$

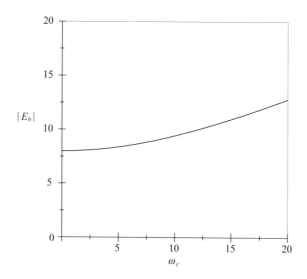

图 1-12 抛物量子点中弱耦合磁极化子基态束缚能 $|E_b|$ 与回旋共振频率 w_c 的关系曲线 ($l_0 = 0.5$)

Figure 1-12 The ground state binding energy $|E_b|$ of parabolic quantum dot as a function of the cyclotron resonance frequency w_c for $l_0 = 0.5$

由有效束缚强度表达式 $l_0 = \sqrt{\dfrac{\hbar}{m^* \omega_0}}$ 可知，有效束缚强度 l_0 与量子点受限强度开方成反比，所以量子点受限越强，基态能量 E_0，基态束缚能 $|E_b|$ 越大，电子—体纵光学声子耦合强度和磁场的变化对量子点的影响相对越小；当量子点受限变弱时，电子—声子耦合强度变化对量子点的影响变大，磁场对量子点的影响也变大。所以在量子点中，极化对量子点的影响不容忽略。

(三) 量子点中的强耦合磁极化子性质

1. 理论与方法

因电子在一个方向（设为 Z 方向）比另外两个方向强受限强的多，同样只考虑电子在 x-y 平面上运动，设单一量子点中的束缚势为抛物势，表示为：

$$V(\rho) = \frac{1}{2} m^* \omega_0^2 \rho^2 \qquad (1.55)$$

其中 m^* 为裸带质量，$\vec{\rho}$ 为二维坐标矢量，磁场沿 Z 方向，电子—声子体系的哈密顿量为

$$H = \frac{(p + e\vec{A})^2}{2m^*} + \frac{1}{2} m^* \omega_0^2 \rho^2 + \sum_{\vec{q}} \hbar \omega_{LO} b_{\vec{q}}^+ b_{\vec{q}} + \sum_{\vec{q}} (V_q e^{i\vec{q} \cdot \vec{r}} b_{\vec{q}} + H.C) \qquad (1.56)$$

其中 $b_{\vec{q}}^+$（$b_{\vec{q}}$）为波矢为 $\vec{q}(\vec{q} = \vec{q}_{//},\ q_z)$ 体纵光学声子的产生（湮灭）算符，$\vec{r} = (\vec{\rho},\ z)$ 为电子坐标矢量，且

$$V_q = i \left(\frac{\hbar \omega_{LO}}{q} \right) \left(\frac{\hbar}{2m^* \omega_{LO}} \right)^{1/4} \left(\frac{4\pi\alpha}{v} \right)^{1/2} \qquad (1.57)$$

$$\alpha = \left(\frac{e^2}{2\hbar\omega_{LO}} \right) \left(\frac{2m^* \omega_{LO}}{\hbar} \right)^{1/2} \left(\frac{1}{\varepsilon_\infty} - \frac{1}{\varepsilon_0} \right) \qquad (1.58)$$

其中 ε_∞ 是高频介电常数，ε_0 是静电介电常数，采取对称规范 $\vec{A} =$

$(-\dfrac{1}{2}By,\ \dfrac{1}{2}Bx)$，对 x-y 平面上运动的电子动量和坐标引进线性组合算符

$$p_j = \left(\frac{m^*\hbar\lambda}{2}\right)^{1/2}(a_j + a_j^+)$$

$$\rho_j = i\left(\frac{\hbar}{2m^*\lambda}\right)^{1/2}(a_j - a_j^+) \quad (j = x,\ y) \tag{1.59}$$

其中 λ 为变分参量，哈密顿量变为

$$H' = \frac{\hbar\lambda}{4}\sum_j(a_j^+ a_j^+ + a_j a_j + 2a_j^+ a_j + 1) + \frac{\hbar\omega_0^2}{4\lambda}\sum_j(2a_j^+ a_j + 1 - a_j^+ a_j^+ - a_j a_j)$$

$$- \frac{e^2 B^2 \hbar}{16m^{*2}\lambda}\sum_j(a_j a_j + a_j^+ a_j^+ - 2a_j^+ a_j - 1) + \sum_{\vec{q}}\hbar\omega_{LO}b_{\vec{q}}^+ b_{\vec{q}} + \frac{eB\hbar i}{4m^*}$$

$$[(a_y + a_y^+)(a_x - a_x^+) - (a_x + a_x^+)(a_y - a_y^+)]$$

$$+ \sum_{\vec{q}}[V_q b_{\vec{q}} e^{-\frac{\hbar q_j^2}{4m^*\lambda}} e^{\sum_j(\frac{\hbar}{2m^*\lambda})^{1/2}q_j a_j^+} e^{-\sum_j(\frac{\hbar}{2m^*\lambda})^{1/2}q_j a_j} e^{iq_z z} + H.C] \tag{1.60}$$

进行么正变换

$$U = \exp\left[\sum_{\vec{q}}(f_q b_{\vec{q}}^+ - f_q^* b_{\vec{q}})\right] \tag{1.61}$$

则哈密顿量变为

$$H'' = \frac{\hbar\lambda}{4}\sum_j(a_j^+ a_j^+ + a_j a_j + 2a_j^+ a_j + 1) + \sum_{\vec{q}}\hbar\omega_{LO}(b_{\vec{q}}^+ + f_q^*)(b_{\vec{q}} + f_q) +$$

$$\frac{\hbar\omega_0^2}{4\lambda}\sum_j(2a_j^+ a_j + 1 - a_j^+ a_j^+ - a_j a_j) + \frac{e^2 B^2 \hbar}{16m^{*2}\lambda}\sum_j(a_j a_j + a_j^+ a_j^+ -$$

$$2a_j^+ a_j - 1) + \frac{eB\hbar i}{4m^*}[(a_y + a_y^+)(a_x - a_x^+) - (a_x + a_x^+)(a_y - a_y^+)] +$$

$$\sum_{\vec{q}}[V_q(b_{\vec{q}} + f_q)e^{iqz}e^{-\hbar q^2/4m^*\lambda}e^{\sum_j(\frac{\hbar}{2m^*\lambda})^{1/2}q_j a_j^+}e^{-\sum_j(\frac{\hbar}{2m^*\lambda})^{1/2}q_j a_j}e^{iq_z z} + H.C] \tag{1.62}$$

令基态波函数为

$$|\psi\rangle = |\phi(z)\rangle\,|0_{\vec{q}}\rangle\,|0_j\rangle \tag{1.63}$$

$\phi(z)$ 为电子 z 方向波函数，因电子在 Z 方向强受限，可将其看成只在无限薄的狭层内运动，所以 $|\langle\phi(z)|\phi(z)\rangle|^2 = \delta(z)$，$|0_{\vec{q}}\rangle$ 为无微扰零声

子态，$|0_j\rangle$ 为量子点中磁极化子基态，分别由 $b_{\vec{q}}|0_{\vec{q}}\rangle=0$, $b_j|0_j\rangle=0$ 确定。
(8) 式对 $|\psi\rangle$ 的久期值为 $F(\lambda,f_q)\equiv\langle\psi|H''|\psi\rangle$，$F(\lambda,f_q)$ 对 λ, f_q 的变分极值给出量子点中磁极化子的基态能量上限 E_0。

$$E_0 = \min F(\lambda, f_q) \tag{1.64}$$

将式（1.62）代入 $F(\lambda, f_q)$，得

$$F(\lambda, f_q) = \frac{\hbar\lambda}{2} + \frac{\hbar\omega_0^2}{2\lambda} + \frac{e^2B^2\hbar}{8m^{*2}\lambda} + \sum_{\vec{q}}\hbar\omega_{LO}\,|f_q|^2 + \sum_{\vec{q}}\left(V_q f_q e^{-\frac{\hbar q^2}{4m^*\lambda}} + H.C\right) \tag{1.65}$$

利用变分法，得

$$f_q = -\frac{V_q e^{-\frac{\hbar q^2}{4m^*\lambda}}}{\hbar\omega_{LO}} \tag{1.66}$$

将式（1.66）代入式（1.65），并求和变积分，得

$$F(\lambda) = \frac{\hbar\lambda}{2} + \frac{\hbar^3}{2l_0^4 m^{*2}\lambda} + \frac{\omega_c^2\hbar}{8\lambda} - \alpha\hbar\omega_{LO}r_0\sqrt{\frac{2m^*\lambda}{\hbar\pi}} \tag{1.67}$$

其中，$r_0 = \sqrt{\dfrac{\hbar}{2m^*\omega_{LO}}}$，$l_0 = \sqrt{\dfrac{\hbar}{m^*\omega_0}}$，$\omega_c = \dfrac{eB}{mc}$ 分别为极化子半径、有效束缚强度和回旋频率，取通常极化子单位（$\hbar = 2m^* = \omega_{LO} = 1$）

$$F(\lambda) = \frac{\lambda}{2} + \frac{2}{\lambda l_0^4}\left(1 + \frac{\omega_c^2 l_0^4}{16}\right) - \alpha\sqrt{\frac{\lambda}{\pi}} \tag{1.68}$$

令

$$k = 1 + \frac{\omega_c^2 l_0^4}{16} \tag{1.69}$$

再变分得磁极化子的振动频率 λ_0，代回最后得抛物形量子点中强耦合磁极化子的基态能量为

$$E_0 = \frac{\lambda_0}{2} + \frac{2}{\lambda_0 l_0^4}k - \alpha\sqrt{\frac{\lambda_0}{\pi}} \tag{1.70}$$

磁极化子的基态束缚能为（相对亚稳带）

$$E_b = \frac{\sqrt{k}}{l_0^2} - E_0 \tag{1.71}$$

量子点中电子周围光学声子平均数为

$$N = \langle \psi \mid U^- \sum_{\vec{q}} b_{\vec{q}}^+ b_{\vec{q}} U \mid \psi \rangle$$

$$= \frac{\alpha}{\sqrt{\pi}} \sqrt{\lambda_0} \qquad (1.72)$$

2. 结果与讨论

磁场对抛物量子点中的强耦合极化子影响，即抛物量子点中强耦合磁极化子的性质，表现在基态束缚能 E_b，电子周围光学声子平均数 N 和磁极化子的振动频率 λ 与有效束缚强度 l_0，电子—体纵光学声子耦合强度 α 以及回旋频率 ω_c 的关系。数值结果如图 1-13~图 1-21。

图 1-13，表示无磁场，$\alpha = 10$ 时，抛物量子点中强耦合磁极化子基态束缚能 E_b 和有效束缚强度 l_0 的关系曲线，由图 1-13 可以看出，束缚能 E_b 随有效束缚强度 l_0 增大而减小。当有效束缚强度 l_0 趋于无穷时，磁极化子的基态束缚能 E_b 趋于二维体极化子情形。

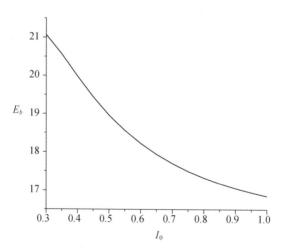

图 1-13　抛物量子点中磁极化子基态束缚能 E_b 与有效束缚强度 l_0 在
无磁场下的变化曲线（$B=0$, $a=10$）

Figure 1-13　The polaron ground state binding energy E_b of parabolic quantum dots as
a function of the effective confinement length l_0 of the quantum dots for $B=0$

图 1-14，表示无磁场时，$l_0 = 0.5$ 时，量子点中强耦合磁极化子基态束缚能 E_b 与电子—体纵光学声子耦合强度 α 的关系曲线，由图可知，束缚能 E_b 随电子—体纵光学声子耦合强度 α 增大而升高。

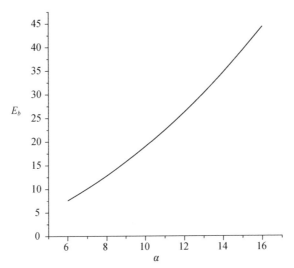

图 1-14 抛物量子点中磁极化子基态束缚能 E_b 与电子—体纵光学声子耦合强度 α 在无磁场下的变化曲线（ $l_0 = 0.5$，$B = 0$ ）

Figure 1-14 The polaron ground state binding energy E_b of parabolic quantum dots as a function of the electron–LO-phonon coupling constant α for the $B = 0$, $l_0 = 0.5$

图 1-15，表示抛物量子点中磁极化子基态束缚能 E_b 与回旋频率 ω_c 的变化曲线，由图可以看出，束缚能 E_b 随回旋频率 ω_c 增大而增大，逐渐趋于最大值，然后又减小。表明磁场使磁极化子的基态束缚能出现了共振峰，磁场在一定程度上增强了量子点的极化。当抛物量子点在强磁场弱受限时，即 $\omega_c \gg \omega_0$ 时，磁极化子基态束缚能的最大值为 $5.3052\hbar\omega_{LO}$，对应的回旋频率为 $14.1451\omega_{LO}$。

图 1-16，表示当 $\alpha = 10$，$\omega_c = 0$ 时，抛物量子点中电子周围光学声子平均数 N 和有效束缚强度 l_0 的变化曲线，由图可以看出，光学声子平均数 N 随有效束缚强度 l_0 增大而减小，当有效束缚强度趋于无穷时，光学声子平均数趋于体极化子情形。图 1-13 和图 1-16 均说明，由于量子点的受限，

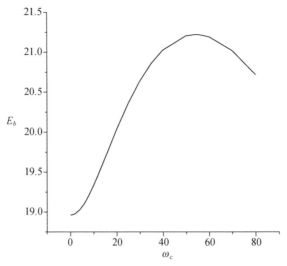

图 1-15　抛物量子点中磁极化子基态束缚能 E_b 与回旋共振频率 ω_c 在 $l_0 = 0.5$ 时的关系曲线

Figure 1-15　The polaron ground state binding energy E_b of parabolic quantum dots as a function of the cyclotron resonance frequency w_c for. $l_0 = 0.5$

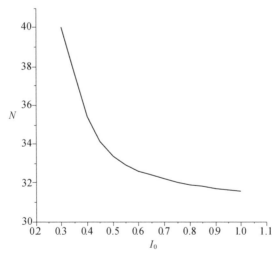

图 1-16　抛物量子点中光学声子平均数 N 与有效束缚强度 l_0 在无磁场, $\alpha = 10$ 时的关系曲线

Figure 1-16　The average number of virtual phonons N around the electron of a parabolic quantum dot as a function of the effective confinement length l_0 of the quantum dots for $B = 0$

而增强了量子点的极化。

图 1-17，表示当 $l_0 = 0.5$，$\omega_c = 0$ 时，抛物量子点中光学声子平均数 N 和电子—体纵光学声子耦合强度 α 的变化曲线，我们可以看出光学声子平均数 N 随电子—体纵光学声子耦合强度 α 增大而升高。

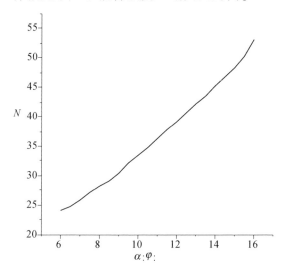

图 1-17　光学声子平均数 N 与电子—体纵光学声子耦合强度 α 在 $l_0 = 0.5$，

$w_c = 0$ 时的变化曲线

Figure 1-17　The average number of virtual phonons N around the electron in the ground state of a parabolic quantum dot as a function of the electron-LO-phonon coupling constantafor the $l_0 = 0.5$, $w_c = 0$

图 1-18，表示量子点中电子周围光学声子平均数 N 与回旋频率 ω_c 的变化曲线，由图可知光学声子平均数 N 随回旋频率 ω_c 增大而渐渐地升高。这再次说明磁场的增大，增强了量子点的极化。

图 1-19 ~ 图 1-21，表示抛物量子点中强耦合磁极化子的振动频率与有效束缚强度，电子—体纵光学声子耦合强度 α 和回旋频率 ω_c 的变化曲线。由曲线变化可以看出，磁极化子的振动频率随有效束缚强度 l_0 增大而减小，随电子—体纵光学声子耦合强度 α 增大而迅速升高，随回旋共振频率 ω_c 增大而逐渐增强。

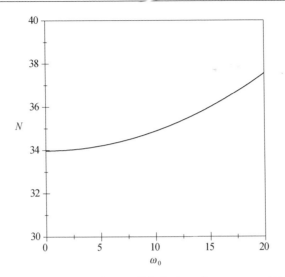

图 1-18　光学声子平均数 N 与回旋共振频率 w_c 在 $l_0 = 0.5$，时的变化曲线

Figure 1-18　The average number of virtual phonons N around the electron in the ground state of a parabolic quantum dot as a function of theoyclotron resonance frequency w_c for the $l_0 = 0.5$，$a = 10$

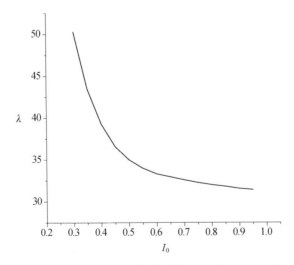

图 1-19　抛物量子点中强耦合磁极化子的振动频率 λ 与有效束缚强度 l_0 在 $\alpha = 10$，$B = 0$ 时的关系曲线

Figure 1-19　The resonant frequency λ of strong-coupling magnetopolaron in the parabolic quantum dot as a function of the effective length l_0 for $B = 0$，$a = 10$.

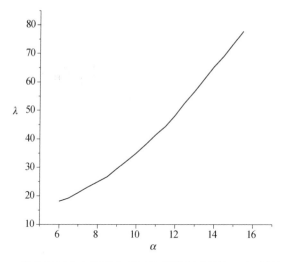

图 1-20　抛物量子点中强耦合磁极化子的振动频率 λ 与电子—体纵
光学声子耦合强度 α 的变化曲线

Figure 1-20 The resonant frequency λ of strong-coupling magnetopolaron in the parabolic quantum dot as a function of the electron-LO-phonon coupling constant α for the $B=0$, $l_0=0.5$

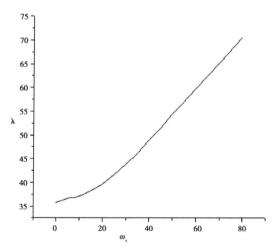

图 1-21　抛物量子点中强耦合磁极化子的振动频率 l 与回旋共振频率 ω_c
的变化曲线 （$l_0=0.5$, $a=10$）

Figure 1-21 The resonant frequency l of strong- coupling magnetopolaron in the parabolic quantum dot as a function of thecyclotron resonance frequency ω_c for $l_0=0.5$, $a=10$

综上所述，抛物量子点中强耦合磁极化子基态束缚能，光学声子平均数以及磁极化子的振动频率的曲线变化规律，均说明由于量子点的受限和磁场的增大而使量子点的极化加强，所以抛物量子点中的极化是不容忽略的。

四、结论

应用线性组合算符和幺正变换研究了具有广阔研究前景的抛物量子点中极化子磁极化子的基态性质。得到的主要结论如下。

（1）抛物量子点中的弱耦合极化子基态能和束缚能随有效束缚强度增大而减小；强耦合极化子的束缚能，光学声子平均数和振动频率随有效束缚强度增大而减小，随电子—体纵光学声子耦合常数增大而升高。

（2）抛物量子点中的弱耦合磁极化子基态能和束缚能随有效束缚强度增大而减小，随回旋共振频率增强而变大。强耦合磁极化子的基态束缚能能，光学声子平均数和振动频率随有效束缚强度增大而减小，随电子—体纵光学声子耦合常数增大而升高，随回旋共振频率增强而变大。

（3）由有效束缚强度表达式 $l_0 = \sqrt{\dfrac{\hbar}{m^* \omega_0}}$ 可知，有效束缚强度与量子点受限强度开方成反比，所以量子点受限越强，抛物量子点中极化子，磁极化子的基态能，基态束缚能越大；强耦合极化子光学声子平均数和振动频率也越大。由回旋共振频率表达式 $\omega_c = \dfrac{eB}{mc}$，可以看出回旋共振频率和磁场强度成正比，所以磁场强度越强，磁极化子的基态能，基态束缚能越大，强耦合磁极化子光学声子平均数和振动频率也越大。

第二节　Rashba 效应影响下量子点中强耦合极化子和磁极化子性质

一、概论

在对半导体量子点的研究中考虑自旋—轨道相互作用对极化子基态能

量的影响。采用 LLP 变分的方法研究了电子—声子相互作用。结果表明声子对极化子基态能量起了很重要的作用，而且由于极化子分裂能对极化子基态能量的贡献很大，故在量子点中研究极化子性质时不可忽略极化子分裂能的影响。自旋分裂能随动量增加呈抛物线型增加。随 Rashba 自旋轨道耦合常数的增加极化子基态能量表现为增加和减少两种截然相反的情况，而两个分裂态中自旋向下的能态更稳定。Rashba 效应的影响大于声子。极化子分裂能与声子能量绝对值之比随电子波矢 $\vec{k}$ 增大而增加。由于声子的存在使得粒子的总能量被降低，因此极化子状态比裸电子状态更稳定。而两个分裂态中，自旋向下的能态更稳定，从比值上看，Rashba 效应不可忽略。

采用改进的线性组合算符及幺正变换的方法研究了 Rashba 效应影响下量子点中强耦合磁极化子的性质。导出了电子—体纵光学声子（LO）强耦合时抛物量子点中磁极化子的振动频率、基态分裂能、有效质量和相互作用能。半导体抛物量子点中强耦合磁极化子的振动频率、相互作用能和有效质量与 LO 声子的频率、电子—声子耦合强度、量子点的受限强度及磁场的回旋频率有关，相互作用能和有效质量与 Rashba 自旋—轨道耦合常数有关。对 RbCl 晶体量子点进行数值计算结果表明：量子点振动频率 λ 随受限强度 ω_0 的增加而增加；极化子的振动频率 λ 随着量子点回旋频率 ω_c 的增加而迅速降低；极化子的基态能 E_0 随着量子点受限强度 ω_0 的增加而迅速增大；极化子的基态能量 E_0 随着量子点回旋频率 ω_c 的增加而迅速减小；极化子的有效质量随着量子点受限强度 ω_0 的增加而迅速增加；有效质量随着量子点回旋频率的 ω_c 增加而迅速减小；相互作用能 H_{int} 随着量子点受限强度 ω_0 的增加而迅速增大；相互作用能 H_{int} 随着量子点回旋频率 ω_c 的增加而迅速减小。同时结果表明由于磁场的影响，Rashba 效应的影响较不明显。

二、考虑 Rashba 效应自组织量子点中极化子性质

在本节中，根据 Burt 和 Foreman 的有效质量包络函数理论，采用 LLP

变分的方法对考虑 Rashba 效应的影响下自组织量子点中极化子性质进行研究，并对 InAs/GaAs 半导体材料量子点进行数值计算，从而得到了一些理论结果。

（一）理论与模型

研究自组织量子点选择生长方向（100）为坐标系的 z 轴，并假定电子在一方向比另外两个方向强受限，所以只考虑电子在 y–x 平面上运动，并且选取抛物形式束缚势，选取的抛物型势

$$V(\rho) = \frac{1}{2}m^* \omega_0^2 \rho^2 \tag{1.73}$$

忽略二阶及高阶项电子—声子体系的哈密顿量

$$H = \frac{p^2}{2m^*} + \frac{1}{2}m^* \omega_0^2 \rho^2 + \sum_q \hbar\omega_{LO} b_q^+ b_q + \sum_q \left[V_q \exp(iq.r) b_q + h.c \right]$$

$$+ \frac{\alpha_R}{h}(p_x \sigma_y - p_y \sigma_x) \tag{1.74}$$

其中最后一项为 Rashba 效应对哈密顿量的贡献，P 为电子的动量算符，$b^+(b)$ 为波矢 $\vec{q}$ 的体纵光学声子的产生（湮灭）算符，以及 $\vec{r} = (\rho, z)$ 为电子坐标矢量，ρ 为电子的二维坐标矢量，且

$$V_q = i\frac{\hbar\omega_{LO}}{q}\left(\frac{\hbar}{2m\omega_{LO}}\right)^{\frac{1}{4}}\left(\frac{4\pi\alpha}{V}\right)^{\frac{1}{2}} \tag{1.75}$$

$$\alpha = \left(\frac{e^2}{2\hbar\omega_{LO}}\right)\left(\frac{2m\omega_{LO}}{\hbar}\right)^{\frac{1}{2}}\left(\frac{1}{\varepsilon_\infty} - \frac{1}{\varepsilon_0}\right) \tag{1.76}$$

由于材料属于弱极性晶体，耦合强度比较弱，因此对（1.74）式进行两次幺正变换，变换算符为

$$U_1 = \exp\left[\frac{i}{\hbar}\left(-\hbar\sum_q q_\parallel b_q^+ b\right) \cdot \rho\right] \tag{1.77}$$

$$U_2 = \exp\left[\sum_q (b_q^+ f_q + b_q f_q^*)\right] \tag{1.78}$$

$$H = \frac{\left(P - \sum_q b_q^+ b_q q\hbar\right)^2}{2m^*} + \sum_q V_q f_q + \frac{\hbar^2}{2m^*}\left[\sum_k |f_q|^2 q\right]^2 +$$

$$\sum_q |f_q|^2 \left\{ \hbar\omega - \frac{\mathbf{q}\cdot\mathbf{P}\hbar}{m^*} + \frac{k^2}{2m}\hbar^2 \right\} + \frac{\hbar^2}{m}\sum_q b_q^+ b_q \vec{q}\cdot \left[\sum_{q'} |f_{q'}|^2 \vec{q'} \right] +$$

$$\sum_q b_q^+ \left\{ V_q^* + f_q \left[\hbar\omega - \frac{\hbar\vec{q}\cdot\mathbf{P}}{m^*} + \hbar^2\frac{q^2}{2m^*} + \frac{\hbar^2\vec{q}}{m^*}\cdot\left(\sum_{q'} |f_{q'}|^2\vec{q'} \right) \right] \right\} +$$

$$\sum_q b_q \left\{ V_q + f_q^* \left[\hbar\omega - \frac{\hbar\vec{q}\cdot\mathbf{P}}{m^*} + \hbar^2\frac{q^2}{2m^*} + \frac{\hbar^2\vec{q}}{m^*}\cdot\left(\sum_{q'} |f_{q'}|^2\vec{q'} \right) \right] \right\}$$

$$+ \sum_q b_q^+ b_q \hbar\omega + \frac{1}{2}m^*\omega_0^2\rho^2 + \frac{\alpha_R}{\hbar}(p_x\sigma_y - p_y\sigma_x)$$

$$+ \sum_{qq'} \hbar^2 \frac{\vec{q}\cdot\vec{q'}}{2m^*}\{ b_q b_{q'} f_q^* f_{q'}^* + 2b_q^+ b_{q'} f_q f_{q'}^* + b_q^+ b_{q'}^+ f_q f_{q'} \}$$

$$+ \sum_{q\neq q'} \hbar^2 \frac{\vec{q}\cdot\vec{q'}}{m^*}\{ b_q^+ b_q b_{q'} f_{q'}^* + b_{q'}^+ b_q^+ b_q f_{q'} \} \tag{1.79}$$

其中 f_q 为变分函数，对系统选取如下形式的试探波函数

$$|\psi\rangle = |\phi(p)\rangle\,|\phi(z)\rangle\,(a\chi_{\frac{1}{2}} + b\chi_{-\frac{1}{2}})\,|0\rangle_b \tag{1.80}$$

其中 $|\phi(z)\rangle$ 为电子 z 方向的波函数，a、b 均为系数，$\chi_{\frac{1}{2}} = \begin{pmatrix} 1 \\ 0 \end{pmatrix}$ 和

$\chi_{-\frac{1}{2}} = \begin{pmatrix} 0 \\ 1 \end{pmatrix}$ 代表自旋向上、向下态，$|0\rangle_b$ 为零声子态。

对哈密顿量进行空间对角化

$$H_{so} = \begin{pmatrix} 0 & \alpha_R k_y + i\alpha_R k_x \\ \alpha_R k_y - i\alpha_R k_x & 0 \end{pmatrix} \tag{1.81}$$

求得本征值为

$$E_{so} = \pm\alpha_R k \tag{1.82}$$

系统的期待值为

$$E_{\uparrow\downarrow} = \frac{\hbar^2 k^2}{2m^*} - \alpha\hbar\omega_{LO} + \frac{\hbar\omega_0^2}{2\lambda} \pm \alpha_R k \tag{1.83}$$

其中 $E_\uparrow$ 和 $E_\downarrow$ 代表基态能量的自旋向上、向下态。零磁场分裂能为 $E_{so} = \pm\alpha_R k$，与尝试波函数中的系数 a、b 均无关。

（二）结果与讨论

采用研究 InAs 自组织量子点，给定波矢范围为 $10^8 \sim 10^9 \mathrm{m}^{-1}$，Rashba 自旋—轨道耦合常数 α_R 处于 $10^{-12} \sim 10^{-13} \mathrm{eVm}$ 范围，由（1.81）式可见，由于 Rashba 效应引起的分裂能 E_{so} 与波矢 k 成正比，由此我们可以想像，施加与自建电场方向相同的外电场或电压可以认为改变 Rashba 自旋轨道耦合常数，随耦合常数的增加极化子基态能量表现为增加和减少两种截然相反的情况。

图 1-22 描述的是随着电子波矢 k 的变化，极化子基态能 E_0（图中表示为实线），极化子自旋向上、向下分裂能 $E_\uparrow$、$E_\downarrow$（图中表示为虚线）的变化规律，对于 InAs/GaAs 量子点假定 $\alpha_R = 2 \times 10^{-13} \mathrm{eVm}$，因为自旋—轨道耦合产生的有效磁场与电子动量垂直，而与内建电场平行，所以不会出现自旋霍尔效应，由此可见，自旋分裂能 E_{so} 随动量增加呈抛物线型增加。当动量 $k = 2 \times 10^8 \mathrm{m}^{-1}$，自旋分裂能 $E_{so} = 0.1 \mathrm{meV}$，仅为极化子基态能的 2%，由图可知随 α_R 增加 E_{so} 的增加比较缓慢，但从百分比角度看，分裂能占总基态能的百分比增加比较明显，E_{so} 对极化子基态能量的贡献大于对电子的贡献，所以在量子点中研究极化子性质时不可忽略 E_{so} 的影响。

图 1-23 描述了极化子分裂能 E_{so} 与声子能量 E_{ph} 绝对值之比随电子波矢 k 变化的变化规律，由图 1-23 中 E_{so} 与 E_{ph} 的比率随电子波矢 k 增加的变化曲线可知 Rashba 效应的影响大于声子，由于声子的存在使得粒子的总能量被降低，因此极化子状态比裸电子状态更稳定，而两个分裂态中，自旋向下的能态更稳定，从比值上看，Rashba 效应不可忽略。

（三）结论

本章中，考虑 Rashba 效应的情况下选取抛物势，采 LLP 变分的方法对 InAs/GaAs 自组织量子点的基态能量进行研究发现，由 Rashba 自旋-轨道耦合相互作用引起的自旋能对电子波矢的变化非常明显，声子对能量贡献为负，所以极化子自旋分裂态比裸电子的更为稳定，由此可见 Rashba 效应对了解量子点中极化子的性质起了非常重要的作用。

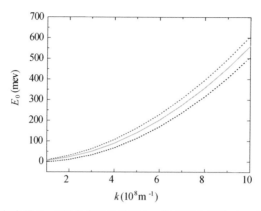

图 1-22　极化子基态能量 E_0（图中表示为实线），极化子自旋向上、向下分裂能 $E_\uparrow$、$E_\downarrow$（图中表示为虚线）随电子波矢 **k** 的变化的变化规律

Figure 1-22　The relation between polaron ground state Energy E_0 , spin-up（spin-down）spltting energy $E_\uparrow$（$E_\downarrow$）with wave k

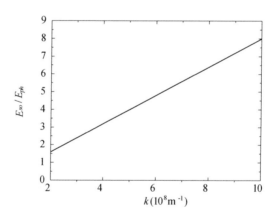

图 1-23　极化子基态分裂能 E_{so} 与声子能量 E_{ph} 绝对值之比随电子波矢 k 的变化的变化规律

Figure 1-23　The absolute ratio of E_{so} to the phonons' energy E_{ph} changing with k

三、量子点中的 Rashba 效应影响下强耦合磁极化子性质

在本章中采用改进的线性组合算符和么正变换的方法，研究了 Rashba 效应对半导体量子点中磁极化子性质的影响。并对 RbCl 半导体材料量子点进行数值计算，从而得到了一些理论结果。

（一）理论与模型

假设外加磁场为 $\vec{B} = (0,\ 0,\ B)$，则取对称规范 $\vec{A} = \dfrac{1}{2}\vec{B} \times \vec{r}$，因电子在一个方向（设 z 方向）比另外两个方向受限强得多，所以只考虑电子在 x，y 平面上运动。考虑 Rashba 效应对系统的影响，则电子—声子体系的系统的哈密顿量可以写成：

$$H = \frac{(P + eA)^2}{2m} + \frac{1}{2}m\omega_0^2\rho^2 + \sum_q \hbar\omega_{LO}b_q^+ b_q +$$

$$\sum_q [V_q b_q \exp(iq \cdot r) + h.c] + \frac{\alpha_R}{\hbar}[\sigma \times (P + eA)]_z \qquad (1.84)$$

其中最后一项为 Rashba 效应影响下单电子的哈密顿量，第二项设单电子半导体量子点中的束缚势为抛物形势：

$$V(\rho) = \frac{1}{2}m\omega_0^2\rho^2 \qquad (1.85)$$

m 为带质量，ρ 为二维坐标矢量，ω_0 为量子点在 xoy 平面的特征频率，并定义为量子点的受限强度。$r = (\rho,\ z)$ 为电子坐标矢量，相互作用的傅立叶系数为

$$V_q = i\frac{\hbar\omega_{LO}}{q}\left(\frac{\hbar}{2m\omega_{LO}}\right)^{\frac{1}{4}}\left(\frac{4\pi\alpha}{V}\right)^{\frac{1}{2}} \qquad (1.86)$$

其中 σ_x、σ_y 是泡利自旋算符。α_R 为 Rashba 自旋轨道耦合常数。

$$U = \exp\left[\sum_q (b_q^+ f_q - b_q f_q^*)\right] \qquad (1.87)$$

其中 $f_q(f_q^*)$ 为变分函数。对电子在 xoy 平面运动的动量和坐标引进线性组合算符：

$$P_j = \left(\frac{m\hbar\lambda}{2}\right)^{\frac{1}{2}}(a_j + a_j^+ + P_{0j}) \qquad (1.88)$$

$$\rho_j = i\left(\frac{\hbar}{2m\lambda}\right)^{\frac{1}{2}}(a_j - a_j^+) \qquad (1.89)$$

$j = x,\ y$

其中 λ 为变分参量，则哈密顿量变为：

$$H' = U^{-1}HU = H'_{\parallel} + \frac{p_z^2}{2m} \tag{1.90}$$

令基态波函数为

$$|\psi\rangle = |\phi(\rho)\rangle |\phi(z)\rangle (a\chi_{\frac{1}{2}} + b\chi_{-\frac{1}{2}})|0\rangle_b |0\rangle_a \tag{1.91}$$

其中 $|\phi(z)\rangle$ 为电子 z 方向的波函数，$\chi_{\frac{1}{2}} = \begin{pmatrix} 1 \\ 0 \end{pmatrix}$ 和 $\chi_{-\frac{1}{2}} = \begin{pmatrix} 0 \\ 1 \end{pmatrix}$ 代表自旋向

上、向下态，$|0\rangle_b$ 为零声子态，$|0\rangle_a$ 为极化子的基态，由 $b_q|0\rangle_b = 0$，$a_j|0\rangle_a = 0$ 确定。

系统在 xoy 平面的总动量为：

$$p_{\parallel T} = p_{\parallel} + \sum_q b_q^+ b_q \hbar q_{\parallel} \tag{1.92}$$

计算 $U^{-1}(H'_{\parallel} - p_{\parallel T} \cdot u)U$ 对态 $|0\rangle_b|0\rangle_a$ 的平均值，其中 u 为拉个朗日乘子，式对 $|\psi\rangle$ 的久期值为 $F(u, p_0, \lambda, f_q) = \langle\psi|(H'_{\parallel} - p_{\parallel T} \cdot u)|\psi\rangle$

$$F_{\pm}(\lambda, u) = \frac{\hbar\lambda}{2} - \frac{1}{2}m\left[1 + \frac{2\alpha}{3\sqrt{\pi}}\left(\frac{\lambda}{\omega_{LO}}\right)^{\frac{3}{2}}\right]u^2 + \frac{\hbar\omega_0^2}{2\lambda} - \frac{\hbar\omega_c^2}{8\lambda}$$

$$- \frac{1}{\sqrt{\pi}}\alpha\hbar\omega_{LO}\left(\frac{\lambda}{\omega_{LO}}\right)^{\frac{1}{2}} - \frac{\alpha_R^2}{2\hbar^2}m \pm \frac{\alpha_R}{\hbar}mu \tag{1.93}$$

由 $F_{\pm}$ 对 λ 的变分，可以得到：

$$\lambda^2 - \frac{\alpha\sqrt{\omega_{LO}}}{\sqrt{\pi}}\lambda^{\frac{3}{2}} - \frac{mu^2\alpha}{\sqrt{\pi}\hbar\omega_{LO}^{\frac{3}{2}}} - \left(\omega_0^2 - \frac{\omega_c^2}{4}\right) = 0 \tag{1.94}$$

上式方程解为：

$$\lambda = \lambda_0 \tag{1.95}$$

弱磁场下量子点中强耦合极化子的基态分裂能为：

$$E_{0\pm} = \frac{\hbar\lambda_0}{2} - \frac{1}{2}m\left[1 + \frac{2\alpha}{3\sqrt{\pi}}\left(\frac{\lambda_0}{\omega_{LO}}\right)^{\frac{3}{2}}\right]u^2 + \frac{\hbar\omega_0^2}{2\lambda_0} - \frac{\hbar\omega_c^2}{8\lambda_0}$$

$$- \frac{1}{\sqrt{\pi}}\alpha\hbar\omega_{LO}\left(\frac{\lambda_0}{\omega_{LO}}\right)^{\frac{1}{2}} - \frac{\alpha_R^2}{2\hbar^2}m \pm \frac{\alpha_R}{\hbar}mu \tag{1.96}$$

自旋分裂能表示为：

$$E_{so} = \pm \frac{\alpha_R}{\hbar} mu - \frac{\alpha_R^2}{2\hbar^2} m \qquad (1.97)$$

其中 $\pm \dfrac{\alpha_R}{\hbar} mu$ 为磁场下电子的自旋分裂能，$- \dfrac{\alpha_R^2}{2\hbar^2} m$ 为考虑声子作用而产生的附加能量。

量子点中强耦合极化子的动量期待值：

$$\bar{p}_\parallel = m_b \langle 0 |_a \langle 0 | U^{-1} p_{\parallel T} U | 0 \rangle_a | 0 \rangle_b = m \left[1 \pm \frac{\alpha_R}{\hbar u} + \frac{2\alpha}{3\sqrt{\pi}} \left(\frac{\lambda_0}{\omega_{LO}} \right)^{\frac{3}{2}} \right] u \qquad (1.98)$$

极化子的有效质量为：

$$m_\pm^* = m \left[1 \pm \frac{\alpha_R}{\hbar u} + \frac{2\alpha}{3\sqrt{\pi}} \left(\frac{\lambda_0}{\omega_{LO}} \right)^{\frac{2}{1}} \right] \qquad (1.99)$$

磁场下量子点中强耦合极化子的有效哈密顿量为：

$$H_{eff} = H_{kin} + H_{int} \qquad (1.100)$$

$$H_{kin} = \frac{p_z^2}{2m} + \frac{p_\parallel^2}{2m^*} \qquad (1.101)$$

$$H_{int} = \frac{\hbar\lambda}{2} + \frac{\hbar\omega_0^2}{2\lambda} - \frac{1}{\sqrt{\pi}} \alpha\hbar\omega_{LO} \left(\frac{\lambda}{\omega_{LO}} \right)^{\frac{1}{2}} - \frac{\alpha_R^2}{2\hbar^2} m - \frac{\hbar\omega_c^2}{8\lambda} \qquad (1.102)$$

分别为磁场下量子点中强耦合极化子的动能和相互作用能。

由式（1.94）、式（1.99）、式（1.102）磁场中半导体抛物量子点中强耦合极化子的振动频率 λ、相互作用能 H_{int} 和有效质量 $m_\pm^*$ 不仅与 LO 声子的频率、电子—声子耦合强度量子点的受限强度 ω_0 及回旋频率 ω_c 有关，而且相互作用能 H_{int} 和有效质量 $m_\pm^*$ 还与 Rashba 自旋—轨道耦合常数 α_R 有关。

(二) 结果与讨论

为了更清楚的说明 Rashba 自旋—轨道耦合相互作用、受限强度和电子—声子耦合强度对考虑磁场的半导体量子点中强耦合极化子性质的影响，选 RbCl 材料进行数值计算。所用材料的参数为：$\varepsilon_0 = 4.92$，$\varepsilon_\infty = 2.20$，$\hbar\omega_{LO} = 21.45meV$，$\omega_{LO} = 3.39 \times 10^{13}$，$\alpha = 4.2$。

图 1-24，表示了 RbCl 晶体抛物量子点强耦合极化子的受限强度 ω_0 与振动频率 λ 在不同的回旋频率 ω_c 下的关系变化曲线。由图 1-24 可以看出，随着量子点受限强度的增加，极化子的振动频率迅速加快。这是由于量子点限定势（抛物势）的存在，限制了电子的运动随限定势（ω_0）的增加，以声子为媒介的电子的热运动能量和电子—声子之间相互作用由于粒子运动范围缩小而增强，导致极化子的振动频率加快，使其表现出新奇的量子尺寸效应。图 1-24 中还可以看出对于同一受限强度 ω_0 的值，磁场作用下的回旋频率 ω_c 越大，与其相应的振动频率 λ 越小。

图 1-25，表示了 RbCl 晶体抛物量子点强耦合极化子的变量 u 与振动频率 λ 在不同的耦合强度 α 下的关系变化曲线。由图 1-25 可以看出，随着变量 u 的增加，极化子的振动频率迅速加快。而且，由图 1-25 中还可以看出耦合强度 α 越大，振动频率 λ 随变量 u 的增大而增大的越明显，同时，对于同一变量 u 的值，耦合强度 α 越大，与其相应的振动频率 λ 越大。而且，

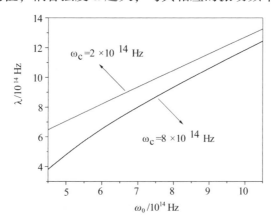

图 1-24　RbCl 晶体中在不同的回旋频率 ω_c 下受限强度 ω_0 与振动频率 λ 的关系

Figure 1-24　The relationship between vibration frequency λ with confinement strength ω_0 at different cyclotron frequency ω_c

由图 1-25 中还可以看出这种增大的趋势随着变量 u 的增加而增加的比较平缓，之后振动频率 λ 随着变量 u 的增加而增加的比较显著。

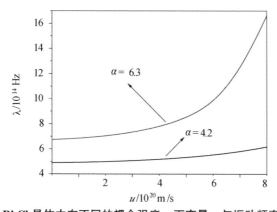

图 1-25　RbCl 晶体中在不同的耦合强度 α 下变量 u 与振动频率 λ 的关系

Figure 1-25　The relationship between vibration frequency λ with variational parameter u at different electron-LO phonon coupling strength α

图 1-26，表示了 RbCl 晶体抛物量子点强耦合磁极化子的回旋频率 ω_c 与振动频率 λ 在不同的受限强度 ω_0 下的关系变化曲线。由图 1-26 可以看出，随着量子点回旋频率的增加，极化子的振动频率迅速降低。而且，由图 1-26 中还可以看出受限强度 ω_0 越小，振动频率 λ 随回旋频率 ω_c 的增大而减小的越明显，同时，对于同一回旋频率 ω_c 的值，受限强度 ω_0 越大，与其相应的振动频率 λ 越大。

图 1-27，表示了 RbCl 晶体中强耦合极化子的基态能 E_0（图中表示为实线），极化子的基态自旋分裂能 $E_{0\pm}$（图中表示为虚线）随受限强度 ω_0 变化而变化的曲线关系。假设 $\alpha_R = 20meVnm$，$u = 2 \times 10^4 m/s$，由图 1-27 我们可以看出 Rashba 自旋—轨道相互作用使极化子的基态能分裂为上下两支，而且由于磁场的影响使基态能的分裂较不明显，这是由于在磁场的作用下电子的动能增大，则 Rashba 自旋—轨道相互作用对基态能的影响就不明显了，同时由式（1.94）式（1.96）可以想到当磁场极弱（$\omega_c \ll \omega_{LO}$）时基态能分裂比较明显。随受限强度 ω_0 的增加强耦合极化子的基态能 E_0 和基态

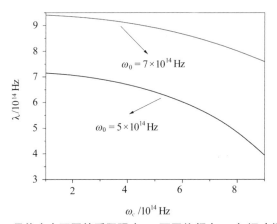

图 1-26 RbCl 晶体中在不同的受限强度 ω_0 下回旋频率 ω_c 与振动频率 λ 的关系

Figure 1-26 The relationship between vibration frequency λ withcyclotron frequency ω_c at differentconfinement strength ω_0

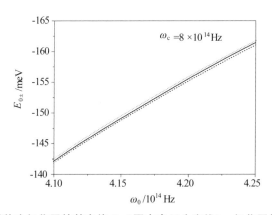

图 1-27 RbCl 晶体中极化子的基态能 E_0（图中表示为实线），极化子的基态自旋分裂能 $E_{0\pm}$（图中表示为虚线）随受限强度 ω_0 的变化规律

Figure 1-27 The relation curve of polaron ground state energy E_0（$\alpha_R = 0$）and ground state splitting energy $E_{0\pm}$ to confinement strength ω_0

自旋分裂能 $E_{0\pm}$ 迅速增大。基态能分裂为上下两支，但是每一支不是分别代表极化子自旋向上、向下的分裂能，而是由极化子自旋向上、向下的共同作用引起的，是不同自旋态的电子在量子点中的浓度不同，也就是自旋在能态上分裂了，导致极化子的基态能量产生了分裂。当材料选定有效质量和禁带宽度不可改变时，则系数 c 可以视为常数，耦合常数 α_R 的变化依靠

于外加电场或电压，因此改变有效电场从而使 α_R 可以被控制，α_R 的取值范围在 $10^{-12} \sim 10^{-11}$ meV，耦合常数越大自旋分裂能占极化子基态能量的比例越大。

图 1-28，表示了 RbCl 晶体抛物量子点强耦合极化子的受限强度 ω_0 与极化子的基态能量 E_0 在不同的回旋频率 ω_c 下的关系变化曲线。由图 1-28 可以看出，随着量子点受限强度 ω_0 的增加，极化子的基态能 E_0 迅速增大。图 1-28 中还可以看出对于同一受限强度 ω_0 的值，磁场作用下的回旋频率 ω_c 越大，与其相应的极化子的基态能量 E_0 越小。

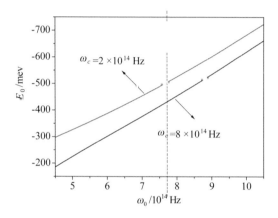

图 1-28　RbCl 晶体中在不同的回旋频率 ω_c 下受限强度 ω_0 与极化子的基态能 E_0 的关系

Figure 1-28　The relationship betweenpolaron ground state energy E_0 ($\alpha_R = 0$) with confinement strength ω_0 at differentcyclotron frequency ω_c

图 1-29，表示了 RbCl 晶体抛物量子点强耦合极化子的变量 u 与极化子的基态能量 E_0 在不同的耦合强度 α 下的关系变化曲线。由图 1-29 可以看出，随着变量 u 的增加，极化子的基态能量 E_0 迅速增加。而且，由图 1-29 中还可以看出耦合强度 α 越大，极化子的基态能量 E_0 随变量 u 的增大而增大的越明显，同时，对于同一变量 u 的值，耦合强度 α 越大，与其相应的极化子的基态能量 E_0 越大。

图 1-30 表示了 RbCl 晶体抛物量子点强耦合磁极化子的回旋频率 ω_c 与极化子的基态能量 E_0 在不同的受限强度 ω_0 下的关系变化曲线。由图

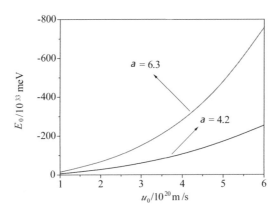

图 1-29　RbCl 晶体中在不同的耦合强度 α 下变量 u 与极化子的基态能 E_0 的关系

Figure 1-29　The relationship between polaron ground state energy E_0 ($\alpha_R = 0$) with variational parameter u at differentelectron−LO phonon coupling strength α

1-30 可以看出，随着量子点回旋频率的增加，极化子的基态能量 E_0 迅速减小。而且，由图 1-30 中还可以看出受限强度 ω_0 越小，极化子的基态能量 E_0 随回旋频率 ω_c 的增大而减小的越明显，同时，对于同一回旋频率 ω_c 的值，受限强度 ω_0 越小，与其相应的极化子的基态能量 E_0 越大。

　　图 1-31，表示了 RbCl 晶体抛物量子点强耦合极化子的受限强度 ω_0 和有效质量 $m_\pm^*/m$ 的关系变化曲线（图中实线表示 $\alpha_R = 0$ 的情况）。假设 $\alpha_R = 20meV$nm，$u = 2 \times 10^4$m/s，图 1-31 中表明随着量子点受限强度的增加，极化子的有效质量 $m_\pm^*/m$ 迅速增加。正如我们所知，由于电子和声子的相互作用使得电子的质量发生改变，而 Rashba 自旋—轨道相互作用是由于不同自旋态的电子在材料中的浓度不同，也就是自旋在能量上分裂了。这种能量的分裂的结果是导致极化子的有效质量产生分裂的原因。

　　图 1-32，表示了 RbCl 晶体抛物量子点强耦合极化子的受限强度 ω_0 与有效质量 $m^*/m(\alpha_R = 0)$ 在不同的回旋频率 ω_c 下的关系变化曲线。由图 1-32 可以看出，随着量子点受限强度的增加，极化子的有效质量 $m^*/m(\alpha_R =$

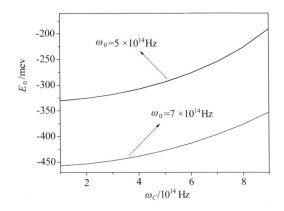

图 1-30 RbCl 晶体中在不同的受限强度 ω_0 下回旋频率 ω_c 与极化子的基态能 E_0 的关系

Figure 1-30 The relationship between polaron ground state energy E_0 ($\alpha_R = 0$) withcyclotron frequency ω_c at differentconfinement strength ω_0

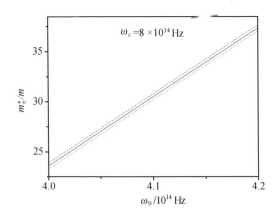

图 1-31 RbCl 晶体中 $m_{\pm}^*/m$ 与受限强度 ω_0 的关系

Figure 1-31 The relation curve of effective mass $m_{\pm}^*/m$ to the confinement strength ω_0 in RbCl crystal

0) 迅速增加，而且对于同一受限强度 ω_0 的值，磁场作用下的回旋频率 ω_c 越小，与其相应的有效质量 $m^*/m(\alpha_R = 0)$ 越大。

图 1-33，表示了 RbCl 晶体抛物量子点强耦合极化子的变量 u 与有效质量 $m^*/m(\alpha_R = 0)$ 在不同的耦合强度 α 下的关系变化曲线。由图 1-33 可以看出，随着变量 u 的增加，有效质量 $m^*/m(\alpha_R = 0)$ 逐渐增加，而且这种增

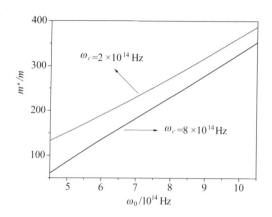

图 1-32 RbCl 晶体中在不同的回旋频率 ω_c 下受限强度 ω_0 与有效质量 $m^*/m(\alpha_R = 0)$ 的关系

Figure 1-32 The relationship between effective mass m^*/m with confinement strength ω_0 at different cyclotron frequency ω_c

大的趋势随着变量 u 的增加而增加的比较平缓，之后有效质量 $m^*/m(\alpha_R = 0)$ 随着变量 u 的增加而增加的比较显著。而且，由图 1-33 中还可以看出耦合强度 α 越大，有效质量 $m^*/m(\alpha_R = 0)$ 随变量 u 的增大而增大的越明显，同时，对于同一变量 u 的值，耦合强度 α 越大，与其相应的有效质量 $m^*/m(\alpha_R = 0)$ 越大。

图 1-34，表示了 RbCl 晶体抛物量子点强耦合磁极化子的回旋频率 ω_c 与有效质量 $m^*/m(\alpha_R = 0)$ 在不同的受限强度 ω_0 下的关系变化曲线。由图 1-34 可以看出，随着量子点回旋频率的增加，有效质量 $m^*/m(\alpha_R = 0)$ 迅速减小。而且，由图 1-34 中还可以看出受限强度 ω_0 越小，有效质量 $m^*/m(\alpha_R = 0)$ 随回旋频率 ω_c 的增大而减小的越明显，同时，对于同一回旋频率 ω_c 的值，受限强度 ω_0 越大，与其相应的有效质量 $m^*/m(\alpha_R = 0)$ 越大。

图 1-35，表示了 RbCl 晶体抛物量子点强耦合极化子的受限强度 ω_0 与相互作用能 H_{int} 在不同的回旋频率 ω_c 下的关系变化曲线。由图 1-35 可以看出，随着量子点受限强度的增加，相互作用能 H_{int} 迅速增大，而且对于同一

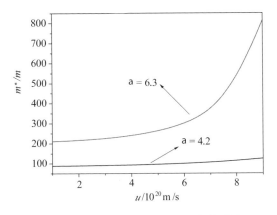

图1-33 RbCl晶体中在不同的耦合强度 α 下变量 u 与有效质量 $m^*/m(\alpha_R = 0)$ 的关系

Figure 1-33 The relationship between effective mass m^*/m with variational parameter u at differentelectron-LO phonon coupling strength α

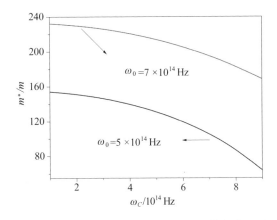

图1-34 RbCl晶体中在不同的受限强度 ω_0 下回旋频率 ω_c 与有效质量 $m^*/m(\alpha_R = 0)$ 的关系

Figure 1-34 The relationship between effective mass m^*/m withcyclotron frequency ω_c at differentconfinement strength ω_0

受限强度 ω_0 的值，磁场作用下的回旋频率 ω_c 越小，与其相应的相互作用能 H_{int} 越大。将式（1.94）代入式（1.96）我们可以得到相互作用能 H_{int} 与受限强度 ω_0 的关系表达式，并且由图1-35我们知道极化子的受限强度 ω_0 与振动频率 λ 的关系曲线，由该关系我们可以知道极化子的相互作用能随受限强度的变化规律。

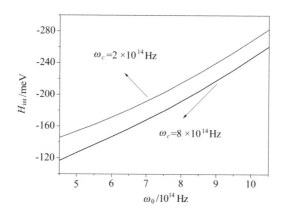

图 1-35 RbCl 晶体中在不同的回旋频率 ω_c 下受限强度 ω_0 与相互作用能 H_{int} 的关系

Figure 1-35 The relationship between the interaction energy H_{int} with confinement strength ω_0 at different cyclotron frequency ω_c

图 1-36，表示了 RbCl 晶体抛物量子点强耦合极化子的变量 u 与相互作用能 H_{int} 在不同的耦合强度 α 下的关系变化曲线。由图 1-36 可以看出，随着变量 u 的增加，相互作用能 H_{int} 迅速增加。

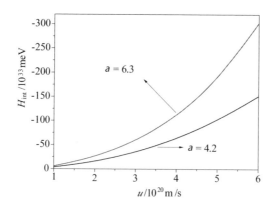

图 1-36 RbCl 晶体中在不同的耦合强度 α 下变量 u 与相互作用能 H_{int} 的关系

Figure 1-36 The relationship between the interaction energy H_{int} with variational parameter u at differentelectron-LO phonon coupling strength α

而且，由图 1-36 中还可以看出耦合强度 α 越大，相互作用能 H_{int} 随变量 u 的增大而增大的越明显，同时，对于同一变量 u 的值，耦合强度 α 越大，与其相应的相互作用能 H_{int} 越大。

图 1-37，表示了 RbCl 晶体抛物量子点强耦合磁极化子的回旋频率 ω_c 与相互作用能 H_{int} 在不同的受限强度 ω_0 下的关系变化曲线。由图 1-37 可以看出，随着量子点回旋频率的增加，相互作用能 H_{int} 迅速减小。

而且，由图 1-37 中还可以看出受限强度 ω_0 越小，相互作用能 H_{int} 随回旋频率 ω_c 的增大而减小的越明显，同时，对于同一回旋频率 ω_c 的值，受限强度 ω_0 越大，与其相应的相互作用能 H_{int} 越大。

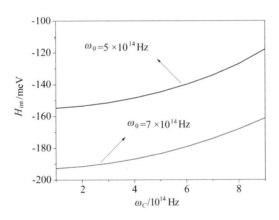

图 1-37　RbCl 晶体中在不同的受限强度 ω_0 下回旋频率 ω_c 与相互作用能 H_{int} 的关系

Figure 1-37　The relationship between the interaction energy H_{int} withcyclotron frequency ω_c at differentconfinement strength ω_0

四、结论

本节中，考虑在 Rashba 效应的影响下，采用改进的线性组合算符和幺正变换的方法，对 Rashba 效应对半导体量子点中磁极化子性质的影响进行了研究，选用 RbCl 材料进行数值计算。研究发现 Rashba 自旋—轨道相互作用使极化子的有效质量、基态能分裂为上下两支，而且由于磁场的影响使基态能的分裂较不明显，磁场极弱时基态能分裂比较明显；量子点振动频率随受限强度的增加而增加；极化子的振动频率随着量子点回旋频率的增加而迅速降低；极化子的基态能随着量子点受限强度的增加而迅速增大；极化子的基态能量随着量子点回旋频率的增加而迅速减小；极化子的有效质量随着量子点受限强度的增加而迅速增加；有效质量随着量子点回旋频率的增加而迅速减小；相互作用能随着量子点受限强度的增加而迅速增大；相互作用能随着量子点回旋频率的增加而迅速减小。由于声子对总能量的贡献为负，所以磁极化子自旋分裂态比裸电子更稳定，由此可见，Rashba效应对了解半导体量子点中强耦合极化子的性质起了非常重要的作用。

第二章　量子棒中极化子和量子比特的性质

第一节 量子棒中极化子的振动频率及基态能量

本章采用线性组合算符和幺正变换相结合的方法，分别研究了椭球形抛物限制势下，量子棒中弱耦合和强耦合极化子的性质。

第一节是概论。在第二节中，研究了椭球形抛物限制的量子棒在弱耦合情况下的光学声子平均数、极化子的振动频率及基态能量。计算并讨论了光学声子平均数对电子—体纵光学（LO）声子耦合强度和椭球纵横比的依赖关系，极化子的振动频率对椭球形抛物限制势的有效半径和纵横比的依赖关系，以及极化子的基态能量对有效半径、耦合强度和纵横比的依赖关系。结果表明：电子周围的光学声子平均数随耦合强度的增强而增多，随纵横比的增大而减小；振动频率随纵横比和有效半径的减小而增大；基态能量随有效半径和耦合强度的减小而增大，当纵横比 $0 < e' < 1$ 时，基态能量随 e' 的增大而减小，当 $e' = 1$ 时，基态能量最小，当 $e' > 1$ 时，基态能量随 e' 的增大而增大。

在第三节中，研究了椭球形抛物限制的量子棒在强耦合情况下的极化子的振动频率和基态能量。计算了并讨论了极化子的振动频率和基态能量对椭球形抛物势的有效半径、电子—LO 声子耦合强度和纵横比的依赖关系。结果表明：振动频率随有效半径和纵横比的增大而减小，随耦合强度的增强而线性增大；基态能量的变化与弱耦合极化子基态能量的变化相同。

一、概论

（一）国内外研究状况

随着分子束外延、金属有机物化学汽相沉积等半导体生长技术的发展，人们已经制造出各种量子点。这些量子点在长度或宽度上只有几百纳米，厚度也只有几纳米，由于量子点表现出来的许多新的物理效应和潜在的应用前景，人们对这些系统的电学和光学性质的研究产生了浓厚的兴趣。许多研究表明，电子—体纵光学声子（LO声子）相互作用对量子点中电子的光电性质有显著影响。十多年来，有很多学者对各种形状的量子点进行了研究。同时，也有很多学者对极化子问题进行研究。刘伟华等人采用有效质量近似下的变分法计算了量子阱中极化子的声子平均数。

对于体极化子，弱、中耦合理论适用于电子—LO声子耦合强度小于6的情形。所以当电子—LO声子耦合强度大于6时，就必须采用强耦合理论。20世纪70年代，Huybrechts曾提出一种关于极化子的线性组合算符法，将强耦合极化子描述为一个在抛物势阱中谐振动的准粒子，其振动频率作为变分参数由能量极值条件确定。这种方法对强耦合问题的处理与其他人的结果一致，而且具有简单直观的优点。因此，有很多学者采用线性组合算符和幺正变换相结合的方法研究极化子的性质。王立国等人采用线性组合算符和幺正变换相结合的方法研究了抛物量子点中弱耦合极化子的性质。赵翠兰等人采用线性组合算符和幺正变换相结合的方法研究了柱形量子点中弱耦合磁极化子的性质。肖景林等采用线性组合算符和幺正变换相结合的方法研究了量子点中强耦合极化子的性质。

但迄今为止，采用线性组合算符和幺正变换相结合的方法对量子棒中极化子的性质方面的研究甚少，所谓量子棒，就是把胶状量子点沿着轴线向两端拉伸所得到的。它是特殊形状（椭球形）的量子点，三维都受到限制，量子棒的形状直接由椭球体的纵横比来决定，随着理论和实验工作的进行，很多学者采用了不同的方法研究了量子棒的一些性质。张秀文等人在有效质量包络函数理论的框架下，研究了CdSe量子棒的线性偏振光学的性质。Voon等人用four-bandBurt-Foreman模型研究了纵横比对量子棒低能态的影响。Comas等人用基于连续介质理论的方法分析了半导体量子棒中表面极化了的光学声子，并将计算出来的结果与球形量子点和准球形量子点中表面极化子的光学声子进行比较。Li和Wang采用平面波赝势方法计算了CdSe量子棒的高能激子态，这里考虑了自旋与轨道耦合、电子—空穴屏蔽库仑相互作用；采用原子的赝势方法研究了InP量子棒中电子的结构。Hu

等人用半经验赝势方法计算了 CdSe 量子棒的长度和直径对电子态的影响。Li 等人在有效质量包络函数理论的框架下研究了电场对量子棒的电子结构和光学性质影响。但是到目前为止，关于量子棒中极化子的问题，人们研究甚少。

本书主要采用线性组合算符和幺正变换相结合的方法计算并分析了电子在椭球形抛物限制势下，量子棒中弱耦合和强耦合两种情况下极化子的性质。

（二）研究内容

由于半导体量子棒新奇的物理特性，将对新一代量子功能器件的制造和量子信息学的发展具有深刻的影响，使其在低维物理的研究中具有重要的基础理论意义和其潜在的、巨大的应用价值，并已成为当前凝聚态物理学中十分活跃的研究热点之一。采用线性组合算符和幺正变换相结合的方法研究：（1）量子棒中弱耦合极化子的性质；（2）量子棒中强耦合极化子的性质。

二、量子棒中弱耦合极化子的性质

在本节中，从电子—LO 声子相互作用的哈密顿量出发，采用极化子单位（$\hbar = 2m^* = \omega_{LO} = 1$），对量子棒中弱耦合极化子进行数值计算，得到了相关的一些理论结果。

（一）理论与模型

在量子棒晶体中，电子在不同方向 x，y，z 上受到椭球形抛物势的束缚，设抛物束缚势的形式为：

$$V(r) = \frac{1}{2} \sum_{i=1}^{3} m^* \omega_i^2 x_i^2 \qquad (2.1)$$

其中 m^* 为裸带质量，$r = (x_1, x_2, x_3)$，$x_i(i = 1, 2, 3)$ 是电子的坐标，$\rho^2 = x^2 + y^2$，ω_i 为 i 方向的限制频率。

量子棒中电子—LO 声子系统的哈密顿量可写为：

$$H = \frac{P_{//}^2}{2m^*} + \frac{P_z^2}{2m^*} + \frac{m^* \omega_0^2 \rho^2}{2} + \frac{m^* \omega_z^2 z^2}{2} + \sum_q \hbar \omega_{LO} b_q^+ b_q$$

$$+ \sum_q (V_q b_q e^{iq \cdot r} + h.c.) \tag{2.2}$$

这里，b_q^+（b_q）分别代表波矢为 $q = (q_{//}, q_z)$ 的 LO 声子的产生（湮灭）算符，且

$$V_q = i \left(\frac{\hbar \omega_{LO}}{q} \right) \left(\frac{\hbar}{2m^* \omega_{LO}} \right)^{\frac{1}{4}} \left(\frac{4\pi\alpha}{v} \right)^{\frac{1}{2}} \tag{2.3}$$

$$\alpha = \left(\frac{e^2}{2\hbar \omega_{LO}} \right) \left(\frac{2m^* \omega_{LO}}{\hbar} \right)^{\frac{1}{2}} \left(\frac{1}{\varepsilon_\infty} - \frac{1}{\varepsilon_0} \right) \tag{2.4}$$

其中 ε_∞，ε_0 分别是高频介电常数和静介电常数，α 是电子—LO 声子的耦合强度，v 是晶格的体积。

对于量子棒，其边界条件与球形量子点的不同，为了将我们所研究的量子棒的椭球形边界条件转换成具有高度对称性的球形边界条件，我们引进了能够在新坐标系下为球形边界条件的坐标变换，此变换为：$x' = x$，$y' = y$，$z' = z/e'$. 这里 e' 为椭球的纵横比，(x, y, z) 是实际的坐标，(x', y', z') 是变换后的坐标。因为只考虑极化子的基态，引入椭球形抛物势的有效半径 $R_i = \sqrt{\hbar/m^* \omega_i}$，则 $R_0 = R_{\rho'} = R_{z'} = R_z/e'$，那么，在新坐标系下的哈密顿量可写为：

$$H' = \frac{P_{\parallel}^2}{2m^*} + \frac{e' P_{z'}^2}{2m^*} \frac{m^* \omega_0^2 \rho'^2}{2} + \frac{m^* \omega_z^2 z'^2}{2e'^2} + \sum_q \hbar \omega_{LO} b_q^+ b_q$$

$$+ \sum_q (V_q b_q e^{iq \cdot r'} + h.c.) \tag{2.5}$$

这里 $\omega_{z'} = \omega_0$

进行第一次幺正变换 $\quad U_1 = \exp\left(-i \sum_q q \cdot r b_q^+ b_q \right) \tag{2.6}$

同时引进线性组合算符

$$P_j = \left(\frac{m^* \hbar \lambda}{2}\right)^{\frac{1}{2}} (a_j + a_j^+)$$

$$[a_j, \ a_j^+] = \delta_{ij}, \ j = x', \ y', \ z' \qquad (2.7)$$

$$r_j = i \left(\frac{\hbar}{2m^* \lambda}\right)^{\frac{1}{2}} (a_j - a_j^+)$$

和第二次幺正变换 $U_2 = \exp\left(\sum_q (f_q b_q^+ - f_q^* b_q)\right)$ \qquad (2.8)

λ 表示极化子的振动频率，f_q、f_q^* 是变分参量。

变换后的哈密顿量可写为：

$$H'' = U_2^{-1} U_1^{-1} H' U_1 U_2 = \frac{\hbar \lambda}{4} \sum_{j=1}^{2} (2a_j^+ a_j + a_j a_j + a_j^+ a_j^+ + 1) +$$

$$\frac{e'^2 \hbar \lambda}{4}(2a_{z'}^+ a_{z'} + a_{z'} a_{z'} + a_{z'}^+ a_{z'}^+ + 1) - \frac{\hbar}{m^*} \sum_{j=1}^{2} \sum_q \left[\begin{array}{l} \left(\frac{m^* \hbar \lambda}{2}\right)^{\frac{1}{2}} \\ (a_j + a_j^+) q_j \\ (b_q^+ + f_q^*)(b_q + f_q) \end{array} \right] -$$

$$\frac{e'^2 \hbar}{m^*} \sum_q \left[\left(\frac{m^* \hbar \lambda}{2}\right)^{\frac{1}{2}} (a_{z'} + a_{z'}^+) q_{z'} (b_q^+ + f_q^*)(b_q + f_q) \right] + \frac{\hbar^2}{2m^*}$$

$$\sum_{q \neq q'} [q_0 \cdot q'_0 (b_q^+ + f_q^*)(b_{q'}^+ + f_{q'}^*)(b_q + f_q)(b_{q'} + f_{q'})]$$

$$+ \frac{e'^2 \hbar^2}{2m^*} \sum_{q \neq q'} [q_{z'} q'_{z'} (b_q^+ + f_q^*)(b_{q'}^+ + f_{q'}^*)(b_q + f_q)(b_{q'} + f_{q'})] +$$

$$\frac{\hbar^2}{2m^*} \sum_q [q_0^2 (b_q^+ + f_q^*)(b_q + f_q)] + \frac{e'^2 \hbar^2}{2m^*} \sum_q [q_{z'}^2 (b_q^+ + f_q^*)(b_q + f_q)]$$

$$+ \frac{\hbar \omega_0^2}{4\lambda} \sum_{j=1}^{2} (2a_j^+ a_j - a_j a_j - a_j^+ a_j^+ + 1) + \frac{\hbar \omega_0^2}{4\lambda e'^2}(2a_{z'}^+ a_{z'} - a_{z'} a_{z'} -$$

$$a_{z'}^+ a_{z'}^+ + 1) + \sum_q \hbar \omega_{LO} (b_q^+ + f_q^*)(b_q + f_q) + \sum_q [V_q (b_q + f_q) + h.c.]$$

$$(2.9)$$

令基态波函数为　　$|\psi\rangle = |\varphi(z')\rangle |0_q\rangle |0_j\rangle$ \qquad (2.10)

$|\varphi(z')\rangle$ 为电子在 z' 方向的波函数，满足 $\langle \varphi(z') | \varphi(z') \rangle = 1$，$|0_q\rangle$ 为

零声子态，$|0_j\rangle$ 为 a 算符的真空态，分别由 $b_q|0_q\rangle = 0$，$a_j|0_j\rangle = 0$ 确定。式 (2.8) 对 $|\psi\rangle$ 的期待值为：

$$F(\lambda, f_q) = \langle\psi|H''|\psi\rangle = \frac{\hbar\lambda}{2} + \frac{\hbar\lambda e'^2}{4} + \frac{\hbar^2}{2m^*}\sum_q q_{/\!/}^2 |f_q|^2 + \frac{e'^2\hbar^2}{2m^*}\sum_q q_{z'}^2 |f_q|^2 +$$

$$\frac{\hbar\omega_0^2}{2\lambda} + \frac{\hbar\omega_0^2}{4\lambda e'^2} + \sum_q \hbar\omega_{LO}|f_q|^2 + \sum_q [V_q f_q + h.c.] \qquad (2.11)$$

利用变分法，得

$$f_q = -\frac{V_q^*}{\dfrac{\hbar^2(q_{/\!/}^2 + e'^2 q_{z'}^2)}{2m^*} + \hbar\omega_{LO}} \qquad (2.12)$$

$$\lambda = \frac{2}{R_0^2 e'}\sqrt{\frac{2e'^2 + 1}{2 + e'^2}} \qquad (2.13)$$

电子周围的声子平均数为

$$N = \langle\psi|U_2^{-1}U_1^{-1}\sum_q b_q^+ b_q U_1 U_2|\psi\rangle = \sum_q |f_q|^2 \qquad (2.14)$$

将式 (2.13) 代入式 (2.14)，取极化子单位（$\hbar = 2m^* = \omega_{LO} = 1$）并求和化积分得：

$$N = \begin{cases} \dfrac{\alpha \arcsin\sqrt{1 - e'^2}}{2\sqrt{1 - e'^2}} & e' < 1 \\[3mm] \alpha/2 & e' = 1 \\[3mm] \dfrac{\alpha}{4\sqrt{e'^2 - 1}}\ln\dfrac{e' + \sqrt{e'^2 - 1}}{e' - \sqrt{e'^2 - 1}} & e' > 1 \end{cases} \qquad (2.15)$$

将（式 2.12）、式 (2.13) 代入式 (2.11)，取极化子单位（$\hbar = 2m^* = \omega_{LO} = 1$）并求和化积分得：

$$E_0 = \begin{cases} \dfrac{1}{R_0^2 e'}\sqrt{(2e'^2+1)(2+e'^2)} - \dfrac{\alpha \arcsin\sqrt{1-e'^2}}{\sqrt{1-e'^2}} & e' < 1 \\[4mm] \dfrac{3}{R_0^2} - \alpha & e' = 1 \\[4mm] \dfrac{1}{R_0^2 e'}\sqrt{(2e'^2+1)(2+e'^2)} - \dfrac{\alpha}{2\sqrt{e'^2-1}}\ln\dfrac{e'+\sqrt{e'^2-1}}{e'-\sqrt{e'^2-1}} & e' > 1 \end{cases}$$

$$(2.16)$$

式（2.13）是弱耦合极化子振动频率的表达式，它与抛物势的有效半径和椭球的纵横比有关。式（2.15）是光学声子平均数的表达式，它与电子—LO 声子的耦合强度和椭球的纵横比有关。式（2.16）是弱耦合极化子基态能量的表达式，其中第一项为正，表示电子的能量，包括动能和椭球形抛物限制势能，与抛物势的有效半径和椭球的纵横比有关。第二项为负，包括声子的能量和电子—LO 声子的相互作用能，与电子—LO 声子的耦合强度和椭球的纵横比有关。

（二）结果与讨论

电子—LO 声子弱耦合情况下，量子棒中光学声子平均数、极化子的振动频率和基态能量分别由式（2.15）、式（2.13）、式（2.16）给出。为了更清楚地说明量子棒中光学声子平均数与电子— LO 声子耦合强度和椭球纵横比的关系、极化子的振动频率与抛物势的有效半径和纵横比的关系以及基态能量与抛物势的有效半径、电子—体纵光学声子耦合强度和纵横比的关系，取极化子单位并对其进行了数值计算，结果如图 2-1~图 2-7 所示。

图 2-1 描绘了当电子—LO 声子耦合强度取 $\alpha = 1.0$ 时，量子棒中电子周围的光学声子平均数 N 与纵横比 e' 的变化关系。从图中可以看出，光学声子平均数 N 随纵横比 e' 的增大而减少。这是因为，当 e' 越大，电子的运动范围变大，与电子相互作用的光学声子的数目就会减少，即光学声子平均数减少。

图 2-2 描绘了当椭球纵横比取不同值 $e' = 0.5$，$e' = 1.0$ 和 $e' = 2.0$ 时，

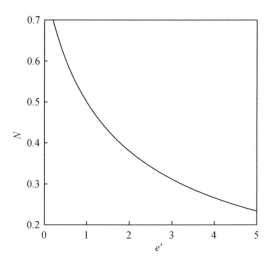

图 2-1 当 α = 1.0 时，量子棒中弱耦合光学声子平均数 N 和纵横比 e' 的关系曲线
Figure 2-1　The relational curve of weak-coupling mean number of optical phonons N to aspect ratio e' in quantum rod at α = 1.0

量子棒中电子周围的光学声子平均数 N 与电子—LO 声子耦合强度 α 的变化关系。由图可知，光学声子平均数 N 随耦合强度 α 的增强而增多。当电子与声子的耦合越强，则与电子相互作用的声子的数目就越多，即光学声子平均数变大。从图中还可以看出，耦合强度越强，纵横比对光学声子平均数的影响越大。

图 2-3 描绘了当椭球纵横比 e' = 2.0 时，极化子的振动频率 λ 与抛物势的有效半径 R_0 的变化关系。

图 2-4 描绘了当电子—LO 声子耦合强度和椭球纵横比分别取 α = 0.1，e' = 2.0 时，极化子的基态能量 E_0 与抛物势的有效半径 R_0 的变化关系。从这两幅图中可以的看出，振动频率和基态能量 E_0 随着有效半径 R_0 的增大而迅速减小。当 R_0 > 0.8 时，趋于平缓。这是由于量子棒限定势（椭球形抛物限定势）的存在，限制了电子的运动。因此，随着限定势（$\omega_0 = \hbar/m^* R_0^2$）的减小，即 r 增大，以声子为媒介的电子热运动能量和电子—声子之间相互作用由于粒子运动范围的增大而减小，导致极化子的振动频率

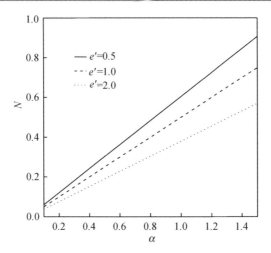

图 2-2 当纵横比取不同值 $e' = 0.5$，$e' = 1.0$，$e' = 2.0$ 时，量子棒中弱耦合光学声子平均数 N 和耦合强度 α 的关系曲线

Figure 2-2 The relational curves of weak-coupling mean number of optical phonons N to coupling strength α in quantum rod at $e' = 0.5$, $e' = 1.0$ and $e' = 2.0$

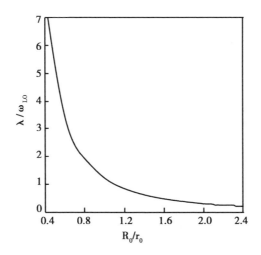

图 2-3 当 $e' = 2$ 时，量子棒中弱耦合极化子振动频率 λ 和有效半径 R_0 的关系曲线

Figure 2-3 The relational curve of vibration frequency λ of weak-coupling polaron to effective radii R_0 in quantum rod at $e' = 2$

变慢和基态能量减小，当 $R_0 > 0.8$ 时，限定势很小，其变化对极化子的振动频率和基态能量影响很小，从而表现出新奇的量子尺寸效应。

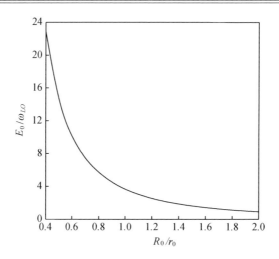

图2-4 当 $\alpha = 0.1$，$e' = 2$ 时，量子棒中弱耦合极化子的基态能量 E_0 与有效半径 R_0 的关系曲线

Figure 2-4 The relational curve of ground-state energy E_0 of weak-coupling polaron to effective radii R_0 in quantum rod at $\alpha = 0.1$ and $e' = 2$

图2-5 表描绘了当抛物势的有效半径取 $R_0 = 0.4$ 时，极化子的振动频率 λ 与椭球纵横比 e' 的变化关系。从图中可以看出，振动频率 λ 随着纵横比 e' 的减小而增大。因为纵横比越小，粒子的运动范围越小，从而导致极化子的振动频率加快，也表现出了新奇的量子尺寸效应。

图2-6 描绘了当抛物势的有效半径和电子—LO声子耦合强度分别取 $R_0 = 0.4$ 和 $\alpha = 0.1$ 时，极化子的基态能量 E_0 与纵横比 e' 的变化关系。由图可知，纵横比在 $0 < e' < 1$ 区间，当 e' 越小，量子棒的纵向受限越强，导致基态能量越大；当 $e' = 1$ 时，其横向和纵向受限相等，这时基态能量最小；在 $e' > 1$ 区间，当 e' 越大，量子棒的横向受限越强，也导致基态能量越大。从而也表现了新奇的量子尺寸效应。

图2-7 描绘了当抛物势的有效半径和纵横比分别取 $R_0 = 0.4$ 和 $e' = 2.0$ 时，极化子的基态能量 E_0 与耦合强度 α 的关系曲线图。从图中可以看出，基态能量随耦合强度 α 的增强而线性减小，这是因为，当耦合强度越大，导致电子与声子的结合越紧密，所以极化子的振动频率和电子—声子之间

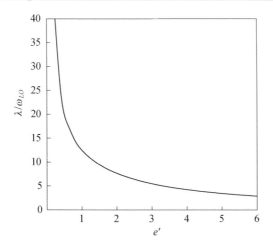

图 2-5　当 $R_0 = 0.4$ 时，量子棒中弱耦合极化子振动频率 λ 和纵横比 e' 的关系曲线

Figure 2-5　The relational curve of vibration frequency λ of weak-coupling polaron to aspect ratio e' in quantum rod at $R_0 = 0.4$

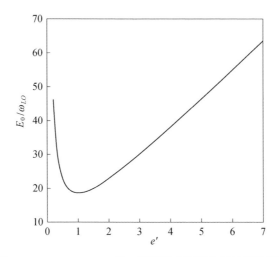

图 2-6　当 $R_0 = 0.4$, $\alpha = 0.1$ 时，量子棒中弱耦合极化子的基态能量 E_0 与纵横比 e' 的关系曲线

Figure 2-6　The relational curve of ground-state energy E_0 of weakk-coupling polaron to aspect ratio e' in quantum rod at $R_0 = 0.4$ and $\alpha = 0.1$

的相互作用能都越大，而电子—声子之间的相互作用能在总的能量中的贡献为负，所以极化子的总的基态能量将越小。从图中还可以看出，耦合强

度对极化子的基态能量的影响比纵横比对基态能量的影响小的多。

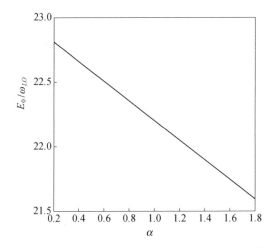

图 2-7　当 $R_0 = 0.4$，$e' = 2.0$ 时，量子棒中弱耦合极化子基态能量 E_0 和
耦合强度 α 的关系曲线

Figure 2-7　**The relational curve of ground-state energy E_0 of weak-coupling
polaron to coupling strength α in quantum rod at $R_0 = 0.4$ and $e' = 2$**

（三）结论

在弱耦合情形下，采用线性组合算符和幺正变换的方法，计算了光学声子平均数、极化子的振动频率和基态能量。通过取极化子单位进行数值计算，结果表明：椭球形抛物限制势下量子棒中光学声子平均数随电子—LO 声子耦合强度的增强而增多，随椭球纵横比的增大而减少；极化子的振动频率随纵横比和抛物势的有效半径的减小而增大；极化子的基态能量随有效半径和耦合强度的减小而增大，当 $0 < e' < 1$ 时，基态能量随纵横比的增大而减小，当 $e' = 1$ 时，基态能量最小，当 $e' > 1$ 时，基态能量随纵横比的增大而增大。

三、量子棒中强耦合极化子的性质

在本节中，从电子—LO 声子相互作用的哈密顿量出发，采用极化子单位（$\hbar = 2m^* = \omega_{LO} = 1$），对量子棒中强耦合极化子进行数值计算，得到了相关的一些理论结果。

（一）理论与模型

在量子棒晶体中，电子在不同方向 x，y，z 上受到椭球形抛物势的束缚，设抛物束缚势的形式为：

$$V(r) = \frac{1}{2} \sum_{i=1}^{3} m^* \omega_i^2 x_i^2 \qquad (2.17)$$

其中 m^* 为裸带质量，$r = (x_1, x_2, x_3)$，$x_i (i = 1, 2, 3)$ 是电子的坐标，$\rho^2 = x^2 + y^2$，ω_i 为 i 方向的限制频率。

量子棒中电子—LO 声子系统的哈密顿量可写为：

$$H = \frac{P_{//}^2}{2m^*} + \frac{P_z^2}{2m^*} + \frac{m^* \omega_0^2 \rho^2}{2} + \frac{m^* \omega_z^2 z^2}{2} + \sum_q \hbar \omega_{LO} b_q^+ b_q$$

$$+ \sum_q (V_q b_q e^{iq \cdot r} + h.c.) \qquad (2.18)$$

这里，b_q^+（b_q）分别代表波矢为 $q = (q_{//}, q_z)$ 的 LO 声子的产生（湮灭）算符，且

$$V_q = i \left(\frac{\hbar \omega_{LO}}{q} \right) \left(\frac{\hbar}{2m^* \omega_{LO}} \right)^{\frac{1}{4}} \left(\frac{4\pi \alpha}{v} \right)^{\frac{1}{2}} \qquad (2.19)$$

$$\alpha = \left(\frac{e^2}{2\hbar \omega_{LO}} \right) \left(\frac{2m^* \omega_{LO}}{\hbar} \right)^{\frac{1}{2}} \left(\frac{1}{\varepsilon_\infty} - \frac{1}{\varepsilon_0} \right) \qquad (2.20)$$

其中 ε_∞，ε_0 分别是高频介电常数和静介电常数，α 是电子—LO 声子的耦合强度，v 是晶格的体积。

对于量子棒，其边界条件与球形量子点的不同，为了将我们所研究的量子棒的椭球形边界条件转换成具有高度对称性的球形边界条件，我们引进了能够在新坐标系下为球形边界条件的坐标变换，此变换为：$x' = x$，$y' = y$，$z' = z/e'$，这里 e' 为椭球的纵横比，(x, y, z) 是实际的坐标，(x', y', z') 是变换后的坐标。因为只考虑极化子的基态，引入椭球形抛物势的有效半径 $R_i = \sqrt{\hbar/m^* \omega_i}$，则 $R_0 = R_{\rho'} = R_{z'} = R_z/e'$，那么，在新坐标系下的哈密顿量可写为：

$$H' = \frac{P_{//}^2}{2m^*} + \frac{e'P_{z'}^2}{2m^*} \frac{m^* \omega_0^2 \rho'^2}{2} + \frac{m^* \omega_{z'}^2 z'^2}{2e'^2} + \sum_q \hbar\omega_{LO} b_q^+ b_q$$

$$+ \sum_q (V_q b_q e^{iq \cdot r'} + h.c.) \tag{2.21}$$

这里 $\omega_{z'} = \omega_0$

引进线性组合算符

$$P_j = \left(\frac{m^* \hbar\lambda}{2}\right)^{\frac{1}{2}} (a_j + a_j^+)$$

$$r_j = i\left(\frac{\hbar}{2m^*\lambda}\right)^{\frac{1}{2}} (a_j - a_j^+) \qquad [a_j, a_j^+] = \delta_{ij}, j = x', y', z' \tag{2.22}$$

并进行幺正变换 $\quad U_2 = \exp\left(\sum_q (f_q b_q^+ - f_q^* b_q)\right) \tag{2.23}$

变换后的哈密顿量可写为:

$$H'' = U_2^{-1} H' U_2 =$$

$$\frac{\hbar\lambda}{4} \sum_{j=1}^2 (2a_j^+ a_j + a_j a_j + a_j^+ a_j^+ + 1) + \frac{\hbar e'^2 \lambda}{4}(2a_{z'}^+ a_{z'} + a_{z'} a_{z'} + a_{z'}^+ a_{z'}^+ + 1) +$$

$$\frac{\hbar\omega_0^2}{4\lambda} \sum_{j=1}^2 (2a_j^+ a_j - a_j a_j - a_j^+ a_j^+ + 1) + \frac{\hbar\omega_0^2}{e'^2 4\lambda}(2a_{z'}^+ a_{z'} - a_{z'} a_{z'} - a_{z'}^+ a_{z'}^+ + 1)$$

$$\sum_q \hbar\omega_{LO}(b_q^+ + f_q^*)(b_q + f_q) + \sum_q \left\{ V_q(b_q + f_q) \exp\left[-\left(\frac{\hbar}{2m^*\lambda}\right)^{\frac{1}{2}} \sum_{j=1}^3 q_j a_j\right] \exp \right.$$

$$\left. \left[\left(\frac{\hbar}{2m^*\lambda}\right)^{\frac{1}{2}} \sum_{j=1}^3 q_j a_j^+\right] \exp\left(-\frac{\hbar q^2}{4m^*\lambda}\right) + h.c. \right\} \tag{2.24}$$

λ 表示极化子的振动频率,f_q、f_q^* 是变分参量。

令基态波函数为 $\quad |\psi\rangle = |\varphi(z')\rangle |0_q\rangle |0_j\rangle \tag{2.25}$

$|\varphi(z')\rangle$ 为电子在 z' 方向的波函数,满足 $\langle\varphi(z')|\varphi(z')\rangle = 1$,$|0_q\rangle$ 为零声子态,$|0_j\rangle$ 为 a 算符的真空态,分别由 $b_q|0_q\rangle = 0$, $a_j|0_j\rangle = 0$ 确定。式 (2.9) 对 $|\psi\rangle$ 的期待值为:

$$F(\lambda, f_q) = \langle\psi|H''|\psi\rangle = \frac{\hbar\lambda}{2} + \frac{\hbar e'^2 \lambda}{4} + \frac{\hbar\omega_0^2}{2\lambda} + \frac{\hbar\omega_0^2}{4\lambda e'^2} + \sum_q \hbar\omega_{LO} |f_q|^2 +$$

$$\sum_q \left\{ V_q f_q \exp\left(-\frac{\hbar q^2}{4m^* \lambda} \right) + h.c. \right\} \tag{2.26}$$

利用变分法，得

$$f_q = -\frac{V_q^* \exp\left(-\dfrac{\hbar q^2}{4m^* \lambda} \right)}{\hbar \omega_{LO}} \tag{2.27}$$

$$(2 + e'^2)\lambda^2 - 2\sqrt{\frac{1}{\pi}} \alpha \lambda^{\frac{3}{2}} - \frac{4}{R_0^4}\left(2 + \frac{1}{e'^2} \right) = 0 \tag{2.28}$$

若式（2.28）的解为 λ_0，则

$$E_0 = \frac{(2 + e'^2)\lambda_0}{4} + \frac{1}{R_0^4 \lambda_0}\left(2 + \frac{1}{e'^2} \right) - \frac{\alpha}{\sqrt{\pi}}\sqrt{\lambda_0} \tag{2.29}$$

式（2.28）是强耦合极化子振动频率满足的方程，它与抛物势的有效半径、椭球纵横比和电子—LO 声子耦合强度有关。式（2.29）是强耦合极化子基态能量的表达式，其中前两项为正，分别表示电子的动能和椭球形抛物限制势能，与抛物势的有效半径和纵横比有关。第三项为负值，表示声子的能量和电子—LO 声子的相互作用能，与电子—LO 声子的耦合强度和纵横比有关。

（二）结果及讨论

电子—LO 声子强耦合情况下，极化子的振动频率和基态能量分别由（2.28）式、（2.29）式表示。为了更清楚的说明量子棒中极化子的振动频率 λ 和基态能量 E_0 随抛物势的有效半径 R_0、椭球纵横比 e' 和电子—LO 声子耦合强度 α 的变化关系，取极化子单位并进行数值计算，结果如图 2-8~图 2-13 所示。

图 2-8 描绘了当抛物势的有效半径和电子—声子耦合强度分别取 $R_0 = 0.1$ 和 $\alpha = 6.0$ 时，极化子的振动频率 λ 与纵横比 e' 变化关系。从图中可以看出，振动频率 λ 随着纵横比 e' 的减小而增大。因为 e' 越小，粒子的运动范围减小，从而导致极化子的振动频率加快，表现出新奇的量子尺寸效应。

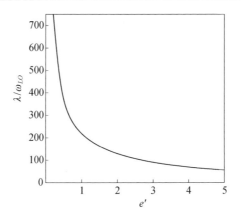

图 2-8　当 $R_0 = 0.1$，$\alpha = 6.0$ 时，量子棒中强耦合极化子的振动频率 λ
和纵横比 e' 的关系曲线

Figure 2-8　The relational curve of vibrational frequency λ of strong-coupling polaron to aspect ratio e' in quantum rod at $R_0 = 0.1$ and $\alpha = 6.0$

图 2-9 和图 2-10 分别描绘了当抛物势的有效半径和椭球的纵横比分别取 $R_0 = 0.1$ 和 $e' = 2.0$ 时，极化子的振动频率 λ 和基态能量 E_0 与电子—声子耦合强度 α 的变化关系。由两幅图可知，极化子的振动频率 λ 随耦合强度 α

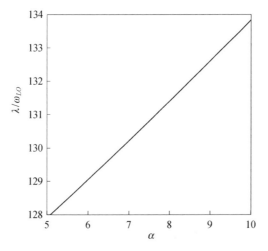

图 2-9　当 $R_0 = 0.1$，$e' = 2.0$ 时，量子棒中强耦合极化子的振动频率 λ 和
耦合强度 α 的关系曲线

Figure 2-9　The relational curve of vibrational frequency λ of strong-coupling polaron to coupling strength α in quantum rod at $R_0 = 0.1$ and $e' = 2.0$

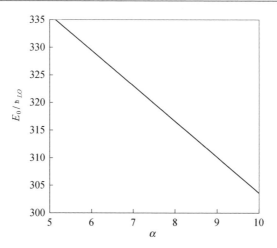

图 2-10 当 $R_0 = 0.1$，$e' = 2.0$ 时，量子棒中强耦合极化子的振动频率 λ 和耦合强度 α 的关系曲线

Figure 2-10 The relational curve of vibrational frequency λ of strong-coupling polaron to coupling strength α in quantum rod at $R_0 = 0.1$ and $e' = 2.0$

的增强而线性增大，而基态能量 E_0 随耦合强度 α 的增强而线性减小。这是因为，当电子—声子之间的耦合强度越强时，导致电子与声子的结合越紧密，所以极化子的振动频率和电子—声子之间的相互作用能都越大，而电子—声子之间的相互作用能在总能量中的贡献为负，所以极化子的总的基态能量将随着电子—声子之间的相互作用能的增大而减小。

图 2-11 和图 2-12 分别描绘了当椭球纵横比和电子—声子耦合强度分别取 $\alpha = 6.0$，$e' = 2.0$ 时，极化子的振动频率 λ 和基态能量 E_0 随抛物势有效半径 R_0 的变化关系。从两幅图中可以看出，振动频率 λ 和基态能量 E_0 都随有效半径 R_0 的增大而迅速减小，当 $R_0 > 0.8$ 时，趋于平缓。这是由于量子棒限定势（椭球形抛物限定势）的存在，限制了电子的运动。因此，随着限定势（$\omega_0 = \hbar/m^* R_0^2$）的减小，即 r 增大，以声子为媒介的电子热运动能量和电子—声子之间相互作用由于粒子运动范围的增大而减小。

导致极化子的振动频率变慢和基态能量的减小，当 $R_0 > 0.8$ 时，限定势很小，其对极化子的振动频率和基态能量影响很小，从而表现出新奇的

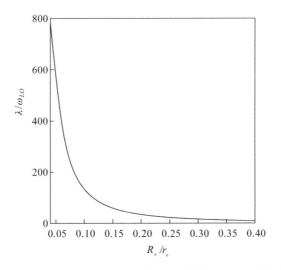

图 2-11　当 $\alpha = 6.0$, $e' = 2.0$ 时，量子棒中强耦合极化子的振动频率 λ 和
有效半径 R_0 的关系曲线

Figure 2-11　The relational curve of vibrational frequency λ of strong-coupling polaron to effective radii R_0 in quantum rod at $\alpha = 6.0$ and $e' = 2.0$

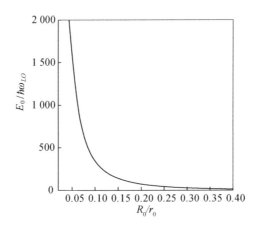

图 2-12　当 $\alpha = 6.0$, $e' = 2.0$ 时，量子棒中强耦合极化子的基态能量 E_0 和
有效半径 R_0 的关系曲线

Figure 2-12　The relational curve of ground-state energy E_0 of strong-coupling polaron to effective radii R_0 in quantum rod at $\alpha = 6.0$ and $e' = 2.0$

量子尺寸效应。

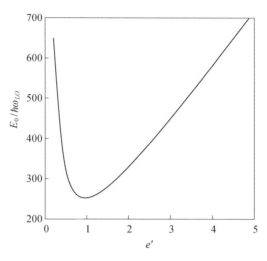

图 2-13　当 $R_0 = 0.1$，$\alpha = 6.0$ 时，量子棒中强耦合极化子的基态能量 E_0 与
纵横比 e' 关系曲线

**Figure 2-13　The relational curve of ground-state energy E_0 of stron-coupling
polaron to aspect ratio e' in quantum rod at $R_0 = 0.1$ and $\alpha = 6.0$**

图 2-13 描绘了当抛物势的有效半径 R_0 和电子—声子耦合强度 α 分别取 $R_0 = 0.1$ 和 $\alpha = 6.0$ 时，极化子的基态能量 E_0 与纵横比 e' 的变化关系。从图中可以看出，纵横比在 $0 < e' < 1$ 区间，当 e' 越小，量子棒的纵向受限越强，导致基态能量越大；当 $e' = 1$ 时，其横向和纵向受限相等，这时基态能量最小；在 $e' > 1$ 区间，当 e' 越大，量子棒的横向受限越强，也导致基态能量越大。表现了新奇的量子尺寸效应。

在强耦合情形下，采用线性组合算符和幺正变换的方法，计算了量子棒中极化子的振动频率和基态能量。通过取极化子单位进行数值计算，结果表明：椭球形抛物限制势下量子棒中极化子的振动频率随抛物势的有效半径和椭球的纵横比的减小而增大，随耦合强度的增强而线性增大。基态能量随有效半径和耦合强度的减小而增大，当 $0 < e' < 1$ 时，基态能量随纵横比的增大而减小，当 $e' = 1$ 时，基态能量最小，当 $e' > 1$ 时，基态能量随纵横比的增大而增大。

四、结论

本书采用线性组合算符和幺正变换相结合的方法研究了椭球形抛物限制势下量子棒中极化子的性质。前两节分别讨论了在弱耦合和强耦合的情况下量子棒中极化子的一些性质，得出了一些有价值的理论结果。

在弱耦合情况，数值结果表明：电子和体纵光学声子的耦合越强导致电子周围的光学声子平均数目越多，椭球的纵横比越大导致电子周围的光学声子平均数目越少；椭球的纵横比和抛物限制势的有效半径的减小都导致极化子的振动频率增大；抛物限制势有效半径和耦合强度的减小都导致极化子的基态能量增大，当椭球的纵横比 $0 < e' < 1$ 时，纵横比的减小导致极化子的基态能量增大，当 $e' = 1$ 时，基态能量的值最小，当 $e' > 1$ 时，纵横比的增大导致极化子的基态能量增大。

在强耦合情况，数值结果表明：椭球的纵横比和抛物限制势的有效半径的减小，以及电子—声子耦合强度的增强都导致了极化子的振动频率增大；抛物限制势的有效半径的减小和电子—声子耦合强度的减弱都导致极化子的基态能量增大，当椭球的纵横比 $0 < e' < 1$ 时，纵横比的减小导致极化子的基态能量增大，当 $e' = 1$ 时，基态能量的值最小，当 $e' > 1$ 时，纵横比的增大导致极化子的基态能量增大。

对于强耦合极化子，由于电子和体纵光学声子的耦合很强，所以耦合强度的不同取值会对极化子的振动频率有影响。而对于弱耦合极化子，由于电子和体纵光学声子的耦合较弱，所以耦合强度在弱耦合范围内变化时对极化子的振动频率不会有影响。

总之，量子棒的椭球形抛物限制势随着椭球的纵横比的变化而变化，从而导致极化子的振动频率和基态能量均发生了相应的变化。

第二节　量子棒中量子比特的温度效应

本文研究内容分为两个部分：（1）研究了磁场对量子棒中弱耦合磁极

化子基态能量的影响，把具有椭球边界条件的哈密顿量经过坐标变换，变为球形边界的哈密顿量，采用幺正变换和线性组合算符的方法研究量子棒中弱耦合磁极化子的基态能量随量子棒的椭球纵横比、横向和纵向有效受限长度、磁场的回旋振动频率和电子—声子耦合强度的变化关系。（2）研究了量子棒中极化子的温度效应，采用球形边界的哈密顿量，应用 Pekar 变分法，计算出电子的基态能量和第一激发态能量以及相应的本征波函数，以此为基础，构造一个二能级体系的量子比特，当电子处于基态和第一激发态时，计算出电子的概率密度分布，结合量子统计学中的统计平均值得出概率密度分布和温度的关系。

应用线性组合算符和幺正变换的方法可以求解出弱耦合磁极化子的基态能量，对 GaAs 材料的数值计算表明，基态能量随横向和纵向有效受限长度的减少而迅速增大，表现出量子棒奇特的量子尺寸限制效应，基态能量随磁场的回旋频率的增加而增加，随椭球的纵横比和电子—声子耦合强度的增加而减少。

通过 Pekar 变分法，计算出电子的基态能量和第一激发态能量以及相应的本征波函数，我们可以成功构造量子比特，从而可以得出电子的概率密度分布，计算结果表明，电子处于基态和第一激发态的叠加态时，概率密度在温度不是很高时随温度的升高而增加，而在较高温度时，随温度的升高而减小。

一、概论

（一）国内外研究现状

量子力学特别是在低维体系下所表现出的一些特殊物理特性，已经引起了世人的关注，尤其是在近30年的研究中，取得了举世瞩目的成就，在材料研究方面也有突破性的进展，伴随一系列研究的展开，量子力学无与伦比的优越性逐渐显现出来，例如，量子计算机，而实现计算机的量子化成为眼下研究的热题，但是量子计算机所表现出的优越性能已经引起研究者的密切关注，其具有史无前例的存储能力、超现实的模拟功能、高效的运行机制、超快的计算速度；在通信方面，有超强保密性和不可破译，不可窃听等。

量子计算机的原理是量子力学原理，即态迭加原理，分立特性和量子相干性，量子计算机是使量子计算成为可能的机器，它以量子态为开关电路、记忆单元和信息储存形式，其存储和处理信息的基本单元我们称之为量子比特，量子计算机的计算是通过构造一系列幺正算子实现的，幺正算子保证了量子计算的独立性和可逆性。

1982 年 Feynman 和 1985 年 Deutsch 等提出了量子计算机的基本概念和一种以量子叠加态为基础的 D-J 算法，这可以说是世界上最早的量子计算机的思想，1994 年，Peter Shor 证明量子计算机能完成对数运算，而且速度远胜传统计算机，这是因为量子不像半导体只能记录 0 与 1，可以同时表示多种状态，量子计算机的优越性再一次得到验证。2007 年，加拿大 D-Wave 系统公司宣布研制成功 16 位量子比特的超导量子计算机，这个有重大意义的工作，向人们预示着可实际应用的量子计算机会在几年内出现，量子计算机的时代就要开始了，2009 年，世界首台量子计算机正式在美国诞生，使量子计算机真正走入人们的视线，2010 德国于利希研究中心发表公报：该中心的超级计算机 JUGENE 成功模拟了 42 位的量子计算机，在此基础上研究人员首次能够仔细地研究高位数量子计算机系统的特性。目前，美国的洛斯阿拉莫斯和麻省理工学院、IBM、和斯坦福大学、武汉物理教学所、清华大学四个研究组已实现 7 个量子比特量子算法演示。

而应用改进的合成法人们获得了能够控制形状的量子棒以来，我们能够合成在剪切方面的自由度及在许多光电器件中有重要应用，因此对量子棒的研究人们更加重视。

伴随着新材料的出现和逐渐被人们的认识，量子计算机的实现已成为可能，而本书所研究的量子棒方法以其能级的可变性、容易控制、可实现器件的体积优化、易于大规模集成等诸多优点，成为量子计算实现的一个理想方案，受到越来越多的关注。巴等对量子棒中强耦合磁极化子的性质进行了研究，通过求解基态能量和第一激发态能量构造出二能级的量子比特，并对其性质有深入的研究，王等对弱耦合磁极化子有进一步的研究，并研究了电子的概率密度分布，李和王等研采用了平面波赝势方法研究了CdSe量子棒的高能激子态的性质，并得出了能量随半径的变化关系，为量子的尺寸效应提供了很好的参考。

（二）本节的主要研究工作

本节首先用幺正变换和线性组合算符的方法研究了量子棒中弱耦合磁极化子的基态能量随量子棒的横向和纵向有效受限长度、椭球的纵横比、磁场的回旋频率和电子—声子耦合强度的变化关系。然后采用Pekar变分法计算出强耦合下量子棒中电子的基态和第一激发态的本征能量及本征波函数，并构造量子比特，得山其概率密度，并与量子统计平均值联系，找出概率密度与温度关系。本节由以下四部分构成：（1）简单介绍了量子计算机和量子材料的研究现状，并且说明了量子计算机实现的可能性；（2）讨论了磁场对量子棒中弱耦合磁极化子基态能量的影响；（3）采用Pekar变分法研究了量子棒中量子比特的温度效应；（4）对量子棒中极化子的性质进行总结。

二、磁场对量子棒中弱耦磁合极化子基态能量的影响

本节采用幺正变换和线性组合算符的方法研究了量子棒中弱耦合磁极化子的基态能量随量子棒的横向和纵向有效受限长度、椭球的纵横比、磁场的回旋频率和电子—声子耦合强度的变化关系。

（一）理论模型

电子在离子晶体或极性半导体量子棒中运动，并与晶体中的体纵光学声子场相互作用，电子在xoy平面内和z方向被不同的抛物势限制，稳恒磁场沿z方向，矢势用$A = B(x/2, -y/2, 0)$描写，量子棒中的电子—声子系的哈密顿量为：

$$H = \frac{1}{2m}\left(p_x - \frac{\beta^2}{4}y\right)^2 + \frac{1}{2m}\left(p_y + -\frac{\beta^2}{4}x\right)^2 + \frac{p_z^2}{2m} + \frac{1}{2}m\omega_\parallel^2\rho^2 + \tag{2.30}$$

$$\frac{1}{2}m\omega_z^2 z^2 + \sum_q \hbar\omega_{LO} a_q^+ a_q + \sum_q \left[V_q a_q \exp(iq \cdot r) + h \cdot c\right]$$

式中 m 为带质量，$\omega_\parallel$ 和 ω_z 分别为量子棒的横向和纵向受限强度，$a_q^+(a_q)$ 是波矢 q 的体纵光学声子的产生（湮灭）算符，$p = (p_x, p_y, p_z)$ 和 $r = (\rho, z)$ 为电子的动量和坐标矢量。式（2.30）中的 V_q 和 α 分别为：

$$\begin{cases} V_q = i\left(\dfrac{\hbar\omega_{LO}}{q}\right)\left(\dfrac{\hbar}{2m\omega_{LO}}\right)^{\frac{1}{4}}\left(\dfrac{4\pi a}{v}\right)^{\frac{1}{2}} \\[3mm] \alpha = \left(\dfrac{e^2}{2\hbar\omega_{LO}}\right)\left(\dfrac{2m\omega_{LO}}{\hbar}\right)^{\frac{1}{2}}\left(\dfrac{1}{\varepsilon_\infty} - \dfrac{1}{\varepsilon_0}\right) \end{cases} \tag{2.31}$$

其中 α 为电子—声子耦合强度。

对于量子棒，其边界条件与球形量子点不同，为将量子棒的椭球边界条件转换成具有更高的对称特性的球形边界条件，引入坐标变换 $x' = x$，$y' = y$，$z' = z/e'$，其中 e' 为椭球的纵横比，z 轴为长轴。在新坐标系 $x'y'z'$ 下量子棒的哈密顿量变为：

$$H' = \frac{1}{2m}\left(p_{x'} - \frac{\beta^2}{4}y'\right)^2 + \frac{1}{2m}\left(p_{y'} + \frac{\beta^2}{4}x'\right)^2 + \frac{e'^2 p_{z'}^2}{2m} + \frac{1}{2}m\omega_\parallel^2 \rho'^2 +$$

$$\frac{m\omega_z^2 z'^2}{2e'^2} + \sum_q \hbar\omega_{LO} a_q^+ a_q + \sum_q \left[V_q a_q \exp(iq_\parallel \cdot \rho' - iq_{z'} z' e') + h \cdot c\right] \tag{2.32}$$

对哈密顿量式（2.32）作幺正变换：

$$U_1 = \exp\left(-i\sum_q a_q^+ a_q q \cdot r\right) \tag{2.33}$$

再引进线性组合算符：

$$\begin{cases} p_j = \left[\dfrac{m\hbar\lambda}{2}\right]^{\frac{1}{2}}(b_j + b_j^+) \\[3mm] r_j = \left[\dfrac{\hbar}{2m\lambda}\right]^{\frac{1}{2}}(b_j - b_j^+) \end{cases} \qquad j = x, y, z \tag{2.34}$$

再作第二次作幺正变换：

$$U_2 = \exp\Big(\sum_q a_q^+ f_q - a_q f_q^* \Big) \qquad (2.35)$$

其中 f_q 和 f_q^* 和 λ 为变分参量，λ 表示电子的振动频率，取基态波函为：

$$| \Psi_0 \rangle = | 0 \rangle_a | 0 \rangle_b \qquad (2.36)$$

其中 $| 0 \rangle_a$ 表示零声子态，$| 0 \rangle_b$ 为 b 算符的真空态。

则哈密顿量对 $| \Psi_0 \rangle$ 的久期值为：

$$F(\lambda , f_q) = \frac{1}{2}\hbar\lambda + \frac{1}{4}\hbar\lambda e'^2 + \frac{\hbar\omega_{\|'}^2}{2\lambda} + \frac{\hbar\omega_{z'}^2}{4\lambda e'^2} + \frac{\hbar\beta^4}{32m^2\lambda}$$

$$+ \sum_q \Big(\hbar\omega_{LO} + \frac{\hbar^2 q_{\|'}^2}{2m} + \frac{\hbar^2 q_{z'}^2 e'^2}{2m} \Big) |f_q|^2 + \sum_q (V_q f_q + V_q^* f_q^*) \qquad (2.37)$$

F 对 f_q 变分可得 f_q，带入 F 中，求和变积分，可得：

$$F(\lambda) = \frac{\hbar}{2}\lambda\Big(1 + \frac{e'^2}{2} \Big) + \frac{\hbar\omega_{\|'}^2}{2\lambda} + \frac{\hbar\omega_{z'}^2}{4\lambda e'^2} + \frac{\hbar\omega_c^2}{8\lambda} - \alpha\hbar\omega_{LO}A(e') \quad (2.38)$$

其中 $\omega_c = eB/mc$ 为磁场的回旋频率，$A(e')$ 表示为：

$$A(e') = \begin{cases} \dfrac{\arcsin\sqrt{1 - e'^2}}{\sqrt{1 - e'^2}} & e' < 1 \\[2mm] 1 & e' = 1 \\[2mm] \dfrac{1}{2\sqrt{e'^2 - 1}}\ln\dfrac{e' + \sqrt{e'^2 - 1}}{e' - \sqrt{e'^2 - 1}} & e' > 1 \end{cases} \qquad (2.39)$$

式（2.38）对 λ 变分，取通常的极化子单位（$\hbar = \omega_{LO} = 2m = 1$）可得量子棒中弱耦合磁极化子的振动频率为：

$$\lambda = \left(\frac{\omega_{\|'}^2 + \dfrac{\omega_{z'}^2}{2e'^2} + \dfrac{\omega_c^2}{4}}{1 + \dfrac{e'^2}{2}} \right)^{\frac{1}{2}} = \left(\frac{\dfrac{4}{l_p^4} + \dfrac{2}{l_v^4 e'^2} + \dfrac{\omega_c^2}{4}}{1 + \dfrac{e'^2}{2}} \right)^{\frac{1}{2}} \qquad (2.40)$$

其中 $l_p = \sqrt{\hbar/m\omega_{\|'}}$，$l_v = \sqrt{\hbar/m\omega_{z'}}$ 为量子棒的横向和纵向有效受限长度，式（2.40）带入式（2.37）可得量子棒中弱耦合磁极化子的基态能量

E_0 为：

$$E_0 = \sqrt{\left(1 + \frac{e'^2}{2}\right)\left(\frac{4}{l_p^4} + \frac{2}{l_v^4 e'^2} + \frac{\omega_c^2}{4}\right)} - \alpha A\ (e') \tag{2.41}$$

（二）结果与讨论

为了更清楚地表明横向和纵向有效受限长度 l_p 和 l_v、磁的回旋频率 ω_c、电子—声子耦合强度 α 和椭球的纵横比 e' 对于量子棒中弱耦合磁极化子的基态能量 E_0 的影响，通常取极化子单位（ $\hbar = \omega_{LO} = 2m = 1$ ）进行计算。

图 2-13 表示当 $\omega_c = 2.0$，$\alpha = 0.4$，$e' = 1.4$ 时，量子棒中弱耦合磁极化子的基态能量 E_0 随横向和纵向有效受限长度 l_p 和 l_v 的变化关系。由图可以看出，E_0 随 l_p 和 l_v 的减小而迅速增大，由 $l_p = \sqrt{\hbar/m\omega_\parallel}$ 和 $l_v = \sqrt{\hbar/m\omega_{z'}}$ 的表达式可以看出，有效受限长度 l_p 和 l_v 是和受限强度 $\omega_\parallel$ 和 $\omega_{z'}$ 的平方根成正比，所以 E_0 随 $\omega_\parallel$ 和 $\omega_{z'}$ 的增大而迅速增大，因为横向和纵向限定势的存在，限制电子的运动，随着限定势（ $\omega_\parallel$，$\omega_{z'}$ ）的增加以声子为媒介的的电子热运动能量和电子—声子间的相互作用，由于粒子运动范围的减小而增强，导致基态能量的迅速增加，说明量子棒具有量子尺寸限制效应。

图 2-14 表示当 $\alpha = 0.4$，$l_p = 2.0$，$l_v = 3.0$ 时，在不同的磁场回旋频率 ω_c 下基态能量 E_0 随椭球纵横比 e' 的变化关系，实曲线和点画线分别表示磁场回旋频率 $\omega_c = 2.0$ 和 $\omega_c = 3.0$ 情况，由图可以看出，E_0 随 e' 的增加而减少，这一结果与文献的结果相符合。对于椭球量子棒，可以定义椭球的纵横比 e' 为 $e' = L/2R$，其中 L 和 R 分别是量子棒的纵向长度和横向半径，随着纵横比 e' 的增加，即棒的长度的增加，以声子为媒介的电子的热运动能量和电子—声子之间的相互作用，由于粒子运动范围的增大而减小，因此，磁极化子的基态能量随纵横比 e' 的增加而减少，这一结果完全类似于文献的量子线的情况，相反，随着纵横比 e' 的减少，电子的热运动能量和电子—声子之间的相互作用，由于粒子运动范围的减小而增大，因此，磁极化子的基态能量增大，这一结果完全类似于文献的量子阱的情况，表现出

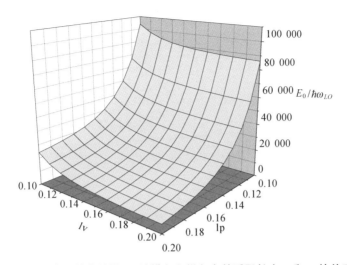

图 2-14　表示基态能量 E_0 随横向和纵向有效受限长度 l_p 和 l_v 的关系

Figure 2-14　The relationalof Ground State Energy with the transverse and longitudinal effective confinement length lp and lv

新奇的量子尺寸限制效应，由图还可以看出随磁场回旋频率的增加，基态能量也增大。

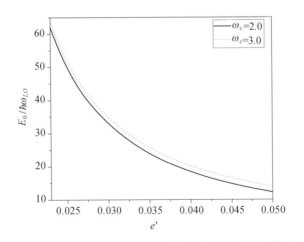

图 2-15　表示基态能量 E_0 随椭球纵横比 e' 的变化关系

Figure 2-15　The relation of Ground State Energy with the aspect

图 2-15 表示当 $e' = 1.4$，$l_p = 2.0$，$l_v = 3.0$ 时，在不同的电子—声子耦

合强度 α 下，基态能量 E_0 随磁场回旋频率 ω_c 的变化关系，实曲线和点画线分别表示电子—声子耦合强度 $\alpha = 0.4$ 和 $\alpha = 0.5$ 情况，由图可以看出，E_0 随 ω_c 的增加而增加，因为磁场的存在等效于对电子附加另一种约束，这将导致电子波函数更大的交叠，电子—声子相互作用增强，导致量子棒中弱耦合磁极化子的基态能量如图中表示的曲线随磁场的回旋频率的增加而增大，由图还可以看出随电子—声子耦合强度的增加，基态能量减小。

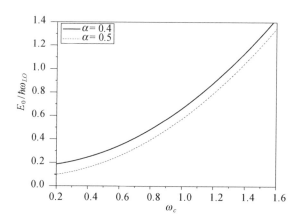

图 2-16　表示基态能量 E_0 随磁场回旋频率 ω_c 的变化关系

Figure 2-16　The relation of Ground State Energy with the cyclotron frequence of a mangnetic field ω_c

图 2-16 表示当 $l_p = 2.0$，$l_v = 3.0$，$\omega_c = 2.0$ 时，在不同的椭球纵横比 e' 下，基态能量 E_0 随电子—声子耦合强度 α 的变化关系，实曲线和点画线分别表示椭球纵横比 $e' = 1.4$ 和 $e' = 1.5$ 情况。由图可以看出，E_0 随 α 的增加而减少，这是因为式（2.12）中的最后一项是电子—声子之间的相互作用能，它取负值，因此 α 的增大使基态能量减少。

（三）结论

量子棒中弱耦合磁极化子的基态能量随横向和纵向有效受限长度的减少而迅速增大，表现出量子棒的新的奇特的量子尺寸限制效应，基态能量随磁场的回旋频率的增加而增加，随椭球的纵横比和电子—声子耦合强度的增加而减少。

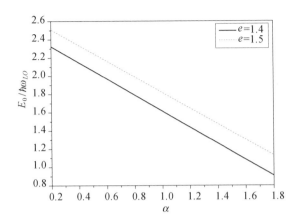

图 2-17　表示基态能量 E_0 随电子—声子耦合强度 α 的变化关系

Figure 2-17　The relationof Ground State Energy with the electrin-phonon coupling strength α

三、量子棒中量子比特的温度效应

本章采用 Pekar 变分法，计算出基态和第一激发态的能量及相应的本征波函数，利用这个二能级体系构造量子比特，求解其概率密度，并结合量子力学中的统计平均值找出与温度的关系。

（一）理论模型

量子棒中由于在一个方向和另外两个方向受限不一致，故可将电子看成是在棒状内运动，我们选择的系统电子—声子系的哈密顿量为：

$$H = \frac{p_{\parallel}^2}{2m} + \frac{p_z^2}{2m} + \sum_q \hbar\omega_{LO}a_q^+ a_q + \frac{1}{2}m\omega_{\parallel}^2\rho^2$$

$$+ \frac{1}{2}m\omega_z^2 z^2 + \sum_q \left[V_q a_q \exp(iq \cdot r) + h \cdot c \right] \tag{2.42}$$

式中 m 为带质量，$\omega_{\parallel}$ 和 ω_z 分别为量子棒的横向和纵向受限强度，$a_q^+(a_q)$ 是波矢 q 的体纵光学声子的产生（湮灭）算符，$p = (p_x, p_y, p_z)$ 和 $r = (\rho, z)$ 为电子的动量和坐标矢量。

$$\begin{cases} V_q = i\left(\dfrac{\hbar\omega_{LO}}{q}\right)\left(\dfrac{\hbar}{2m\omega_{LO}}\right)^{\frac{1}{4}}\left(\dfrac{4\pi a}{v}\right)^{\frac{1}{2}} \\[3mm] \alpha = \left(\dfrac{e^2}{2\hbar\omega_{LO}}\right)\left(\dfrac{2m\omega_{LO}}{\hbar}\right)^{\frac{1}{2}}\left(\dfrac{1}{\varepsilon_\infty}-\dfrac{1}{\varepsilon_0}\right) \end{cases} \tag{2.43}$$

对于量子棒，其边界条件与球形量子点不同，为将量子棒的椭球边界条件转换成具有更高的对称特性的球形边界条件，引入坐标变换 $x'=x$，$y'=y$，$z'=z/e'$，其中 e' 为椭球的纵横比，z 轴为长轴。在新坐标系 $x'y'z'$ 下量子棒的哈密顿量变为：

$$H' = \frac{1}{2m}\left(p_{x'}-\frac{\beta^2}{4}y'\right)^2 + \frac{1}{2m}\left(p_{y'}+\frac{\beta^2}{4}x'\right)^2 + \frac{e'^2 p_{z'}^2}{2m} + \frac{1}{2}m\omega_\parallel^2\rho'^2 +$$

$$\frac{m\omega_{z'}^2 z'^2}{2e'^2} + \sum_q \hbar\omega_{LO}a_q^+ a_q + \sum_q \left[V_q a_q \exp(iq_\parallel\cdot\rho' - iq_{z'}z'e') + h\cdot c\right]$$

$$\tag{2.44}$$

作幺正变换：

$$H'' = U^{-1}H'U \tag{2.45}$$

$$U = \exp\left[\sum_q (a_q^+ f_q - a_q f_q^*)\right] \tag{2.46}$$

其中 f_q 和 f_q^* 为变分函数。

对于强耦合极化子来说，应用 Pekar 变分法，得到电子和声子的波函数：

我们选基态能量的尝试波函数为：

$$|\varphi_0\rangle = \pi^{-\frac{3}{4}}\lambda_0^{\frac{3}{2}}\exp\left[-\frac{\lambda_0^2 r^2}{2}\right]|0_{ph}\rangle \tag{2.47}$$

同样，第一激发态的尝试波函数选为：

$$|\varphi_1\rangle = \left(\frac{\pi^3}{4}\right)^{-\frac{1}{4}}\lambda_1^{\frac{5}{2}}r\cos\theta\exp\left(-\frac{\lambda_1^2 r^2}{2}\right)|0_{ph}\rangle \tag{2.48}$$

式中 λ_0 和 λ_1 为变分参量，$|0_{ph}\rangle$ 是零声子态，满足 $a|0_{ph}\rangle = 0$，且有，

$$\langle\varphi_0|\varphi_0\rangle = 1,\ \langle\varphi_0|\varphi_1\rangle = 0,\ \langle\varphi_1|\varphi_1\rangle = 1 \tag{2.49}$$

我们可以得到极化子的基态能量和第一激发态能量分别为：

$$\begin{cases} E_0 = \langle \varphi_0 \mid H'' \mid \varphi_0 \rangle \\ E_1 = \langle \varphi_1 \mid H'' \mid \varphi_1 \rangle \end{cases} \tag{2.50}$$

用变分法求出 λ_0 和 λ_1 的值，就可以得到基态能级和第一激发态的能级的波函数分别为，

$$E_0 = \left(1 + \frac{e'^2}{2}\right)\lambda_0^2 + \frac{1}{\lambda_0^2 l_p^2} + \frac{1}{2\lambda_0^2 e'^2 l_v^4} - \sqrt{\frac{2}{\pi}}\alpha\lambda_0 A(e') , \tag{2.51}$$

和

$$E_1(\lambda) = \left(1 + \frac{e'^2}{2}\right)\lambda_1^2 + \frac{1}{\lambda_1^2 l_p^4} + \frac{3}{2\lambda_1^2 e'^2 l_v^4} - \frac{7}{8}\sqrt{\frac{2}{\pi}}\alpha\lambda_1 A(e') , \tag{2.52}$$

其中 α 为电子—声子的耦合强度，$l_p = \sqrt{\hbar/m\omega_{\parallel'}}$，$l_v = \sqrt{\hbar/m\omega_{z'}}$ 为量子棒的横向和纵向有效受限长度。

$A(e')$ 表示为：

$$A(e') = \begin{cases} \dfrac{\arcsin\sqrt{1 - e'^2}}{\sqrt{1 - e'^2}} & e' < 1 \\[3mm] 1 & e' = 1 \\[3mm] \dfrac{1}{2\sqrt{e'^2 - 1}}\ln\dfrac{e' + \sqrt{e'^2 - 1}}{e' - \sqrt{e'^2 - 1}} & e' > 1 \end{cases} \tag{2.53}$$

于是我们就找到了一个量子比特所需的二能级体系。

当电子处于叠加态：

$$\mid \psi_{01} \rangle = \frac{1}{\sqrt{2}}(\mid 0 \rangle + \mid 1 \rangle) \tag{2.54}$$

其中

$$\mid 0 \rangle = \pi^{-\frac{3}{4}}\lambda_0^{\frac{3}{2}}\exp\left[-\frac{\lambda_0^2 r^2}{2}\right] \tag{2.55}$$

$$\mid 1 \rangle = \left(\frac{\pi^3}{4}\right)^{-\frac{1}{4}}\lambda_1^{\frac{5}{2}}r\cos\theta\exp\left(-\frac{\lambda_1^2 r^2}{2}\right) \tag{2.56}$$

则叠加态随时间的演化可表示为：

$$| \psi_{01} \rangle = \frac{1}{\sqrt{2}} | 0 \rangle \exp\left(- \frac{iE_0 t}{\hbar} \right) + \frac{1}{\sqrt{2}} | 1 \rangle \exp\left(- \frac{iE_1 t}{\hbar} \right) \qquad (2.57)$$

电子在空间的概率密度：

$$Q(r, t) = | \psi_{01}(r, t) |^2 =$$

$$\frac{1}{2} [| | 0 \rangle |^2 + | | 1 \rangle |^2 + | | 0 \rangle | 1 \rangle | \exp(i\omega_{01} t) + | | 1 \rangle | 0 \rangle | \exp(- i\omega_{01} t)]$$

$$(2.58)$$

其中：

$$\omega_{01} = \frac{E_1 - E_0}{\hbar} = E_1 - E_0 \qquad (2.59)$$

在量子棒中光学声子的平均数为：

$$N_q = \langle \psi_{01} | U^{-1} \sum_q a_q^+ a_q U | \psi_{01} \rangle$$

$$= \frac{7}{16} \sqrt{\frac{2}{\pi}} \alpha \lambda_1 A(e') + \frac{1}{2} \sqrt{\frac{2}{\pi}} \alpha \lambda_0 A(e') \qquad (2.60)$$

当系统处于变化的温度下，系统不在稳定将引起晶格的振动，电子—声子系统不再完全处于基态，同时也使电子受到激发，根据量子力学声子数的统计平均值为：

$$\bar{N}_q = \left[\exp\left(\frac{\hbar \omega_{LO}}{k_B T} \right) - 1 \right]^{-1} \qquad (2.61)$$

其中 k_B 是波尔兹曼常数，由式（2.31）可以看出 λ_0 和 λ_1 不仅与 N_q 有关，而且还与式（2.61）自洽，所以概率密度 Q 与温度 T 有关。

（二）结果讨论

为了清楚形象的说明量子棒中量子比特的电子概率密度在时空中的演化及与极化角的关系，我们对概率密度在不同时刻与温度和极化角的关系进行了数值计算，并对计算出的其结果数据作图，其图像如图 2-18，图 2-19。

图 2-18A~图 2-18F 描绘了在耦合强度 $\alpha = 6.0$，量子棒的横向和纵向

有效受限长度 $lp = 0.7$，$lv = 0.9$，椭球的纵横比 $e' = 1.4$，电子处于叠加态

$|\psi_{01}\rangle = \dfrac{1}{\sqrt{2}}(|0\rangle + |1\rangle)$ 时，概率密度 $Q(r, t) = |\psi_{01}(r, t)|^2$ 在时空的演化，

其中 r 为波尔半径，图 2-18A ~ 图 2-18F）说明概率密度在空间中随角度做

周期性变化即随时间做周期性变化，其周期为 $T_0 = \dfrac{\hbar}{E_1 - E_0}$，由图可见，电

子的概率密度在不同的时间里随温度的变化关系，且是周期性变化，在图

（2-18A ~ 图 2-18F）中分别取 $0T_0$，$0.25T_0$，$0.5T_0$，$0.75T_0$，T_0，$1.25T_0$。

电子的概率密度在温度较低时随温度的升高而升高，而当温度较高时，随

温度的升高而降低，这是因为随温度升高时，电子、声子的热运动能量增

加，电子会与较多的声子作用，当温度较低时，电子、声子速率的增加使

其出现叠加态概率增加，电子与声子不会对叠加态有较强的破坏，所以此

时在该叠加态上的概率密度分布会增加，当温度较高时，电子与声子相互

作用对叠加态有较强的破坏，故此时在该叠加态上的概率密度分布会减少。

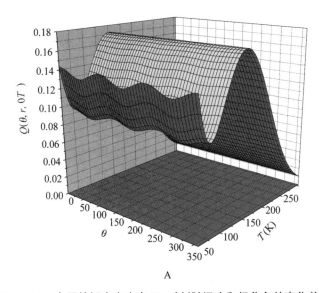

A

图 2-18A　电子的概率密度在 0T 时刻随温度和极化角的变化关系

Figure 2-18A　The relationship of the electron probability density to the temperature T

and the polar angle θ At 0T

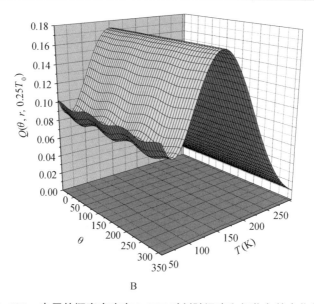

B

图 2-18B　电子的概率密度在 **0.25T** 时刻随温度和极化角的变化关系

Figure 2-18B　The relationship of the electron probability density to the temperature *T*
and the polar angle *θ* **At 0.25T**

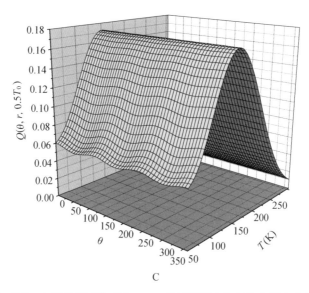

C

图 2-18C　电子的概率密度在 **0.5T** 时刻随温度和极化角的变化关系

Figure 2-18C　The relationship of the electron probability density to the temperature *T*
and the polar angle *θ* **At 0.5T**

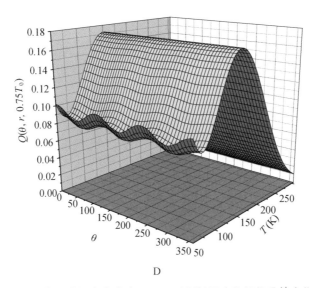

D

图 2-18D　电子的概率密度在 0.75T 时刻随温度和极化角的变化关系

Figure 2-18D　The relationship of the electron probability density to the temperature T **and the polar angle** θ **At 0.75T**

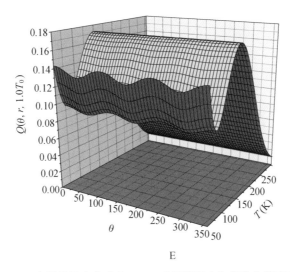

E

图 2-18E　电子的概率密度在 1.0T 时刻随温度和极化角的变化关系

Figure 2-18E　The relationship of the electron probability density to the temperature T **and the polar angle** θ **At 1.0T**

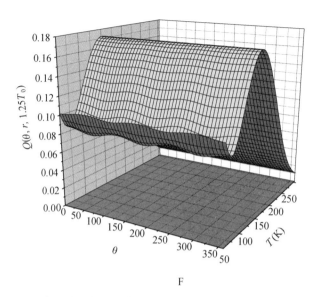

F

图 2-18F 电子的概率密度在 1. 25T 时刻随温度和极化角的变化关系
Figure 2-18F The relationship of the electron probability density to the temperature T and the polar angle θ At 1. 25T

图2-18描绘了在耦合强度 $\alpha = 6.0$，量子棒的横向和纵向有效受限长度

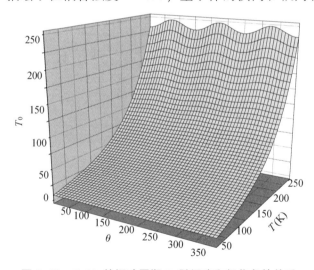

图 2-19 Qubit 的振动周期 T_0 随温度和极化角的关系
Figure 2-19 The relation of oscillation T_0 of the qubit to temperature T and the polar angle θ

$lp = 0.7$，$lv = 0.9$，椭球的纵横比 $e' = 1.4$，电子处于叠加态 $|\psi_{01}\rangle = \dfrac{1}{\sqrt{2}}(|0\rangle + |1\rangle)$）时，振动周期 T_0 随温度和极化角的变化，图中可以看出，随温度的升高振动周期 T_0 显著升高，而极化角对振动周期 T_0 的影响比较弱，这是因为，随着温度的升高，基态和第一激发态的能量升高较快，使振动周期增加。

（三）结论

由以上分析可以看出，极化子的概率密度在温度较低时，随温度的升高而高，当温度较高时随温度的升高而降低，由于温度升高导致系统基态和第一激发态的能量升高，使振动周期明显增加。

四、结论

采用线性组合算符和幺正变换的方法及 Pekar 变分法分别研究了量子棒中弱耦合磁合极化子基态能量的性质和强耦合情况下量子比特的温度效应，通过上述的讨论我们得出以下有用的结论，量子棒中弱耦合磁极化子在磁场中的能量随横向和纵向有效受限长度的减小而迅速增加，并与回旋振动频率有关，随其增加而增强，相反随电子—声子的耦合强度增加而减小，还能得到，强耦合量子棒中的量子比特与温度的关系，电子的概率密度在温度不是很高的情况下，概率密度随温度的升高而升高，而当温度较高时，电子的概率密度随温度的升高而降低。

参考文献

刘伟华, 肖景林. 2005. 量子阱中极化子的声子平均数 [J]. 发光学报, 26 (5): 0575-0580.

马新军, 张海瑞, 肖景林. 2006. Rashba 效应影响下 InAs/GaAs 自组织量子点中极化子性质 [J]. 内蒙古民族大学学报 (自然科学版), 21 (5): 481-484.

王立国, 丁朝华, 肖景林. 2004. 抛物形量子点中弱耦合极化子的性质 [J]. 发光学报, 25 (6): 0625-0628.

肖景林, 王立国. 2003. 量子点中强耦合极化子的性质 [J]. 光电子·激光, 14 (8): 886-888.

元丽华等. 2005. 抛物量子阱中束缚极化子的极化势和结合能 [J]. 发光学报, 26 (6): 0709-0713

赵翠兰, 丁朝华, 肖景林. 2004. 柱形量子点中弱耦合磁极化子的性质 [J]. 发光学报, 25 (3): 0257-0260.

Bandyopadhyay S. 2000. Self – assembled nanoelectronic quantum computer based on the Rashba effect in quantum dots [J]. Physical Review B, 61 (20): 13813.

Bawendi MG, et al, 1990. Electronic structure and photo exited – carrier dynamics in nanometer-size CdSe clusters [J]. Phys. Rev. Lett, 65: 312.

Bulgakov E N, Sadreev A F. 2001. Spin polarization in quantum dots by radiation field with circular polarization [J]. JETP Letters, 73 (10): 505-509.

Chakraborty T, Pietiläinen P. 2005. Electron correlations in a quantum dot with Bychkov – Rashba coupling [J]. Physical Review B, 71 (11): 113305.

Chatterjee A. 1990. Stong-coupling theory for the multidimensional free optical polaron [J]. Phys. Rev. B, 41: 1668.

Chen Q H. 1997. The ground-state description of the Froelich polaron in a symmetric quantum dot within the framework of LIP – H approach [J]. Z. Phys. B. Condens. Matter, 104: 591.

Cibert J, et al. 1986. Optically detected carrier confinement to one and zero dimension in GaAs quantum well wires and boxes [J]. Applied Physics Letters, 49 (19): 1275-1277. 3

Comas F, Studart N, Marques G E. 2004. Optical phonons in semiconductor quantum rods [J]. Solid State Communications, 130: 477-480.

Creti A, et al. 2005. Ultrafast carrier dynamics in core and shell CdSe quantum rods: Roleof the surface an dinterface defects [J]. Phys. Rev. B, 72: 125346.

Cuitao W, Jinglin X, Cuilan Z. 2009. Ground-state energy of weak-coupling polarons in quantum rods [J]. Journal of Semiconductors, 30 (7): 072002.

Culcer D, et al. 2004. Semiclassical Spin Transport in Spin-Orbit-Coupled Bands [J]. Phys. Rev. Lett, 93: 046602-046605.

Degani M H, Farias G A. 1990. Polaron effects in one-dimensional lateral quantum wires and parabolic quantum dots [J]. Physical Review B, 42 (18): 11950.

DeutschD, JozsaR. 1992. Rapid solution of problem by quantum computation [J]. Proc. R. Soc. London A, 439: 553-558.

DeutschD. 1985. Quantum theory , the church-turing principle and the universal quantum computer [J]. Proceedings of the Royal Society of London A, 400: 97-117.

Dresselhaus G. 1955. Spin-orbit coupling effects in zinc blende structures [J]. Physical Review, 100 (2): 580.

Fafard S, et al. 1996. Red-emitting semiconductor quantum dot lasers [J]. Science, 274 (5291): 1350-1353.

Fai L C, et al. 2005. Polaron in a quasi 1D cylindrical quantum wire [J]. Condensed Matter Physics, 8 (3 (43)): 639-650.

Feng C, Shu-Shen L. 2005. Spin and charge currents through a quantum dot connected to ferromagnetic leads [J]. Chinese Physics Letters, 22 (8): 2035.

Feynman R P. 1955. Slow electrons in a polar crystal [J]. Physical Review, 97 (3): 660.

Feynman R P. 1982. Simulating physics with computers [J] . Int J The. Phy, (21) : 467.

Feynman R P. 1982. Simulating physics with computers [J]. International journal of theoretical physics, 21 (6): 467-488.

Feynman R P. 1985. Quantum mechanical computer [J] . Optical News, 11 (2) : 11220.

Firsov Y A, Kudinov E K. 2001. The polaron state of a crystal [J]. Physics of the Solid State,

43 (3): 447-457.

Fliyou M, Satori H, Bouayad M. 1999. Polaronic effect on the ground-state energy of an electron bound to an impurity in spherical quantum dots [J]. physica status solidi b, 212 (1): 97-103.

Foreman B A. 1995. Exact effective-mass theory for heterostructures [J]. Phys Rev B, 52: 12241-12259.

Governale M. 2002. Quantum dots with Rashba spin-orbit coupling [J]. Physical review letters, 89 (20): 206802.

Haga E. 1954. Note on the slow electrons in a polar crystal [J]. Progress of Theoretical Physics, 11 (4-5): 449-460.

Hameau S, et al. 1999. Strong electron-phonon coupling regime in quantum dots: evidence for everlasting resonant polarons [J]. Physical review letters, 83 (20): 4152.

Hassenkam T, et al, 1997. Spin splitting and weak localization in (110) GaAs/Al xGa 1—x As quantum wells [J]. Physical Review B, 55 (15): 9298.

Hu J T, et al. 2002. Semiempirical Pseudopotential Calculation of Electronic States of CdSe Quantum Rods [J]. J. Phys. Chem. B, 106: 2447-2452.

Hu J, et al. 2001. Linearly polarized emission from colloidal semiconductor quantum rods [J]. Science , 292 (5524): 2060-2063.

Hu J, et al. 2002. Semiempirical pseudopotential calculation of electronic states of CdSe quantum rods [J]. The Journal of Physical Chemistry B, 106 (10): 2447-2452.

Hu L, Gao J, Shen S Q. 2003. Influence of spin transfer and contact resistance on measurement of the spin Hall effect [J]. Physical Review B, 68 (11): 115302.

Huybrechts W J. 1976. Note on the ground-state energy of the Feynman polaron model [J]. Journal of Physics C: Solid State Physics, 9 (8): L211.

Ivanov A I, Lobanova O R. 2004. Magnetic field effects on circular cylinder quantum dots [J]. Physica E: Low-dimensional Systems and Nanostructures, 23 (1): 61-64.

J. Cirac, P. Zoller. 1995. Quantum computations with cold trapped ions [J]. Phys. Rev. Lett., 74 (20): 4091-4094.

Jia L, Jing-Ling X. 2006. Zero-magnetic-field spin splitting of polaron's ground state energy induced by Rashba spin-orbit interaction [J]. Communications in Theoretical Physics, 46 (4): 761.

Kandemir B S, Altanhan T. 1999. Polaron effects on an anisotropic quantum dot in a magnetic field [J]. Phys. Rev. B, 15: 4834-4849.

Kash K, *et al.* 1986. Optical spectroscopy of ultrasmall structures etched from quantum wells [J]. Applied Physics Letters, 49 (16): 1043-1045.

Kirstaedter N, *et al.* 1994. Low threshold, large T/sub o/injection laser emission from (InGa) As quantum dots [J]. Electronics Letters , 30 (17): 1416-1417.

Klimov V I, *et al.* 2000. Optical gain and stimulated emission in nanocrystal quantum dots [J]. Science, 290 (5490): 314-317.

Kroner M, *et al.* 2008. Resonant saturation laser spectroscopy of a single self-assembled quantum dot [J]. Physica E: Low – dimensional Systems and Nanostructures, 40 (6): 1994-1996.

LeeC M, Gu S W, 2000. Polaron effect on energy spectrum in two-electron quantum dot under magnetic field. Solid State Con., 116: 51.

Lepine Y, Bruneau G. 1998. The effect of an anisotropic confinement on the ground-state energy of a polaron in a parabolic quantum dot [J]. Journal of Physics: Condensed Matter, 10 (7): 1495.

Lew Yan Voon L C, Melnik R, Lassen B, *et al.* 2004. Influence of aspect ratio on the lowest states of quantum rods [J]. Nano Letters, 4 (2): 289-292.

Li J B, Wang L W. 2003. High energy excitations in CdSe quantum rods [J]. Nano. Lett., 3 (1): 101-105.

Li J, Wang L W. 2004. Electronic structure of InP quantum rods: differences between wurtzite, zinc blende, and different orientations [J]. Nano Letters, 4 (1): 29-33.

Li P. Q, Karrai K, Yip S. K. 1991. Electrodynamic response of a harmonic atom in an external magnetic field [J]. Phys. Rev. B, 43: 5151.

Li S S, *et al.* 2003. Spin-dependent transport through Cd1—xMnxTe diluted magnetic semiconductor quantum dots [J]. Physical Review B, 68 (24): 245306.

Li S S, Xia J B. 2006. Electronic structures of GaAs/Al$_x$Ga$_{1-x}$As quantum double rings [J].

Nanoscale Res Lett, 1: 167-171.

Li S S, Xia J B. 2008. Spin-orbit splitting of a hydrogenic donor impurity in GaAs/GaAlAs quantum wells [J]. Appl. Phys. Lett, 92: 022102-1-3.

Li W S, Zhu K D. 1998. Strong electron-phonon interaction effect in quantum dots [J]. Commun Theor Phys, 29: 343-348.

Li X Z, Xia J B. 2003. Effects of electric field on the electronic structure and optical proper tiesof quantumrods with wurtzitestructure [J]. Phys. Rev. B., 68 (16): 165316.

Li Y, *et al*. 2001. Electron energy state dependence on the shape and size of semiconductor quantum dots [J]. Journal of Applied Physics, 90 (12): 6416-6420.

Lorke A, Kotthaus J P, Ploog K. 1990. Coupling of quantum dots on GaAs [J]. Phys. Rev. Lett, 64: 2559.

Lundeberg M B, Shegelski M R A. 2006. Long tipping times of a quantum rod [J]. Can. J. Phys., 84 (1): 19,

Maksym P A, Chakraborty T. 1990. Quantum dots in a magnetic field: Role of electron-electron interactions [J]. Physical review letters, 65 (1): 108.

Marini J C, Stebe B, Kartheuser E. 1994. Exciton-phonon interaction in CdSe and CuCl polar semiconductor nanospheres [J]. Physical Review B, 50 (19): 14302.

Melnikov D V, Fowler W B. 2001. Electron-phonon interaction in a spherical quantum dot with finite potential barriers: The Fröhlich Hamiltonian [J]. Physical Review B. 64 (24): 245320.

Mukhopadhyay S, Chatterjee A. 1995. Rayleigh-Schroedinger perturbation theory for electron-phonon interaction effects in polar semiconductor quantum dots with parabolic confinement [J]. Physics Letters A., 204 (5): 411-417.

Mukhopadhyay S, Chatterjee A. 1998. Relaxed and effective-mass excited states of a quantum-dot polaron [J]. Physical Review B. , 58 (4): 2088.

Mukhopadhyay S, Chatterjee A. 1999. The ground and the first excited states of an electron in a multidimensional polar semiconductor quantum dot: an all-coupling variational approach [J]. Journal of Physics: Condensed Matter, 11 (9): 2071.

Nomura S, Kobayashi T. 1992. Exciton - LO-phonon couplings in spherical semiconductor microcrystallites [J]. Physical Review B, 45 (3): 1305.

O. Voskoboynikov, C. P. Lee, and O. Tretyak. 2001. spin-orbit splitting in semiconductor quantum dots with a parabolic confinement potential [J]. Phys. Rev. B., 63: 165306-165312.

Oshiro K, Akai K, Matsuura M. 1998. Polaron in a spherical quantum dot embedded in a non-polar matrix [J]. Physical Review B., 58 (12): 7986-7993.

Pan J S, Pan H B. 1988. Size-Quantum Effect of the Energy of a Charge Carrier in a Semiconductor Crystallite [J]. physica status solidi (b), 148 (1): 129-141.

Peeters F M. 1990. Magneto-optics in parabolic quantum dots [J]. Physical Review B, 42 (2): 1486.

Pellizzari T, et al. 1995. Decoherence, continuous observation, and quantum computing: A cavity QED model [J]. Physical Review Letters, 75 (21): 3788.

Pokatilov E P, et al. 1999. Polarons in an ellipsoidal potential well [J]. Physica E: Low-dimensional Systems and Nanostructures, 4 (2): 156-169.

RashbaE I and EfrosA L. 2003. Orbital Mechanisms of Electron-Sipn Manipulation by an Electric Field [J]. Phys. Rev. Lett, 91: 126405-126408.

Reed M A, et al. 1986. Spatial quantization in GaAs – AlGaAs multiple quantum dots [J]. Journal of Vacuum Science & Technology B: Microelectronics Processing and Phenomena, 4 (1): 358-360.

Ren Y H, et al. 1999. Rayleigh – Schrödinger perturbation theory for electron – phonon interaction in two dimensional quantum dots with asymmetric parabolic potential [J]. The European Physical Journal B-Condensed Matter and Complex Systems, 7 (4): 651-656.

Reynoso A, et al. 2004. Theory of edge states in systems with Rashba spin-orbit coupling [J]. Physical Review B, 70 (23): 235344.

Rokhinson L P, et al. 2004. Spin separation in cyclotron motion [J]. Physical review letters, 93 (14): 146601.

Sahoo S. 1998. Energy levels of the Fröhlich polaron in a spherical quantum dot [J]. Physics Letters A, 238 (6): 390-394.

Sek G, et al. 2008. Photoluminescence from a single In GaAs epitaxial quantum rod [J]. Appl.

Phys. Lett., 92 (2): 021901.

Seravalli L, *et al.* 2008. 1. 59 μm room temperature emission from metamorphic In As/In Ga As quantum dots grown on GaAs substrates [J]. Applied Physics Letters, 92 (21): 213104.

Shoji H, *et al.* 1995. Lasing at three-dimensionally quantum-confined sublevel of self-organized In/sub 0. 5/Ga/sub 0. 5/As quantum dots by current injection [J]. IEEE Photonics Technology Letters, 7 (12): 1385-1387.

Sikorski C, Merkt U. 1989. Spectroscopy of electronic states in InSb quantum dots [J]. Physical review letters, 62 (18): 2164.

Temkin H, *et al.* 1987. Low - temperature photoluminescence from InGaAs/InP quantum wires and boxes [J]. Applied physics letters, 50 (7): 413-415.

TsitsishviliE, LozanoG, GogolinA O. 2004. Rashba coupling in quantum dots· An exact solution [J]. Phys, Rev. B, 70: 115316.

Valín-Rodríguez M, Puente A, Serra L. 2004. Quantum dots based on spin properties of semiconductor heterostructures [J]. Physical Review B, 69 (15): 153308.

Wendler L, *et al.* 1993. Magnetopolarons in quantum dots: comparison of polaronic effects from three to quasi-zero dimensions [J]. Journal of Physics: Condensed Matter, 5 (43): 8031.

WolfA, *et al.* 2001. Apintronics: A Spin-Based Electronics Vision the Future [J]. Scince, 294: 1488-1495.

Xiao J, Zhao C L. 2010. Vibrational frequency of strong-coupling impurity bound magnetopolaron in quantum rods [J]. Physica B: Condensed Matter, 405 (3): 912-915.

Xiao W, Xiao J L. 2011. Properties of impurity bound magnetopolaron in quantum rods [J]. Modern Physics Letters B, 25 (01): 21-30.

Xiao W, Xiao J L. 2006. Properties of polaron in an asymmetry quantum dot [J]. Chinese Journal of Luminescence, 27 (6): 849-855.

Xiao W, Xiao J L. 2007. The effective mass of strong-coupling magnetopolaron in quantum dot [J]. International Journal of Modern Physics B, 21 (12): 2007-2016.

Yan Z W, Ban S L, Liang X X. 2005. Polaron properties in ternary group-III nitride mixed crystals [J]. The European Physical Journal B-Condensed Matter and Complex Systems, 43

（3）：339-345.

Yildirm T, Erçelebi A. 1991. Weak-coupling optical polaron in QW-confined media［J］. Journal of Physics：Condensed Matter, 3（24）：4357.

Yip S K. 1991. Magneto-optical absorption by electrons in the presence of parabolic confinement potentials［J］. Physical Review B, 43（2）：1707.

Zhang P, Xiao W, Xiao J L. 1998. Ground state energy of the surface magnetopolaron in a polar crystal［J］. Physica B：Condensed Matter, 245（4）：354-362.

Zhang X W, Xia J B. 2006. Linear-Polarization optical property of CdSe quantum rods［J］. Chinese Journal of Semiconductors. 27（12）：2094-2100.

Zhou H, Gu S, Shi Y. 1998. Effects of strong coupling magnetopolaron in quantum dot［J］. Modern physics letters B, 12（17）：693-701.

Zhou H, Gu S. 2001. Energy levels of strong coupling magnetopolaron in quantum dot［J］. Journal of Shanghai University（English Edition）, 5（1）：40-43.

Zhou H, Gu S. 1999. Size and magnetic field dependence of strong coupling magnetopolaron in quantum dot［J］. Journal of Shanghai University（English Edition）, 3（2）：127-131.

Zhu K D, Gu S W. 1993. Cyclotron resonance of magnetopolarons in a parabolic quantum dot in strong magnetic fields［J］. Physical Review B, 47（19）：12941.

Zhu K D, Gu S W. 1992. Polaronic states in a harmonic quantum dot［J］. Physics Letters A, 163（5-6）：435-438.

Zhu K D, Gu S W. 1993. The polaron self-energy in a parabolic quantum dot［J］. Communications in Theoretical Physics, 19（1）：27.

Zhu K D, Kobayashi T. 1994. Magnetic field effects on strong-coupling polarons in quantum dots［J］. Physics Letters A, 190（3-4）：337-340.